★生命科学**系列丛书**

菊芋悬浮细胞中菊糖及酚类物质的诱导

马春泉　著

黑龙江大学出版社
HEILONGJIANG UNIVERSITY PRESS
哈尔滨

图书在版编目（CIP）数据

菊芋悬浮细胞中菊糖及酚类物质的诱导 / 马春泉著
. -- 哈尔滨 : 黑龙江大学出版社, 2019.6
ISBN 978-7-5686-0337-9

Ⅰ. ①菊… Ⅱ. ①马… Ⅲ. ①菊芋－研究 Ⅳ.
① Q949.783.5

中国版本图书馆 CIP 数据核字（2019）第 050038 号

菊芋悬浮细胞中菊糖及酚类物质的诱导
JUYU XUANFU XIBAO ZHONG JUTANG JI FENLEI WUZHI DE YOUDAO
马春泉　著

责任编辑　于　丹
出版发行　黑龙江大学出版社
地　　址　哈尔滨市南岗区学府三道街 36 号
印　　刷　哈尔滨市石桥印务有限公司
开　　本　720 毫米 ×1000 毫米　1/16
印　　张　13.5
字　　数　214 千
版　　次　2019 年 6 月第 1 版
印　　次　2019 年 6 月第 1 次印刷
书　　号　ISBN 978-7-5686-0337-9
定　　价　42.00 元

目　　录

第 1 章　绪论 …… 1
1.1　菊芋概述 …… 3
1.2　菊芋的生物活性物质 …… 4
1.3　植物组织培养 …… 7
1.4　植物生物活性物质的诱导 …… 9
1.5　研究的目的及意义 …… 13
第 2 章　菊芋悬浮细胞培养体系建立 …… 15
2.1　材料与方法 …… 17
2.2　结果与分析 …… 21
2.3　讨论 …… 26
2.4　本章小结 …… 27
第 3 章　菊芋悬浮细胞中生物活性物质含量检测 …… 29
3.1　材料与方法 …… 31
3.2　结果与分析 …… 36
3.3　讨论 …… 42
3.4　本章小结 …… 43
第 4 章　菊芋悬浮细胞中菊糖的诱导 …… 45
4.1　材料与方法 …… 47
4.2　结果与分析 …… 50

4.3 讨论 …… 81
4.4 本章小结 …… 82
第 5 章 菊芋悬浮细胞中酚类物质的诱导 …… 85
5.1 材料与方法 …… 87
5.2 结果与分析 …… 88
5.3 讨论 …… 183
5.4 本章小结 …… 188
参考文献 …… 189
后　　记 …… 209

第 1 章

绪论

1.1 菊芋概述

菊芋(*Helianthus tuberosus*)是菊科向日葵属的多年生草本植物,俗称洋姜、地环等,起源于北美洲,17世纪传入欧洲,现广泛种植于我国多个地区。

菊芋具有叶大、茎高、分枝多的形态学特点。其叶片粗糙、多毛;茎高150~300 cm;花期形成大量黄花;根茎系统发达,可长达1 m甚至1 m以上;地下形成肉质块茎,质地脆,具有多节和集群的特征,颜色分布从淡棕色、白色、红色到紫色。不同生长期的菊芋及其块茎可见图1-1。

图1-1 不同生长期的菊芋和其块茎

菊芋具有广泛的生态适应性。它可以生长在贫瘠的土壤中,具有霜冻及植物疾病抗性。不与粮食作物竞争耕地,在生物质产量、菊糖含量及环境的广泛抗性等方面优于其他积累菊糖的作物。这种耐旱性作物的种植也有助于改善荒漠地区的水土保持状况,并且因其适应性强而被用于改善受石油等污染的土壤和盐碱土壤等。

菊芋含有丰富的碳水化合物、蛋白质、必需氨基酸等,成为人类食品中膳食纤维和益生元等的良好来源;高大的地上部分和地下块茎可用于动物的青贮饲料;含有的多种生物活性物质可应用于化工、医药等领域。更重要的是菊芋也被用于生物能源(诸如生物乙醇、生物柴油)的开发及许多生化产品(如2,3-

丁二醇、乳酸、丁酸、丁醇、丙酮、乙酸、琥珀酸和山梨糖醇等)的生产。菊芋已被认为是一种具有生态和经济双重价值的重要工业作物。

1.2 菊芋的生物活性物质

菊芋具有多种生理和药理活性,具有轻泻、壮阳、利胆、利尿、健胃、滋补等功效。近年来的研究表明,菊芋伤口分泌的各种生物活性物质对许多人类的肿瘤癌特别是人类乳腺癌细胞 MDA - MB - 231 表现出良好的抗性。此外,一些研究者报道菊芋的茎和叶具有抗氧化、抗细菌、抗真菌和抗癌的活性。菊芋块茎近年来被应用于一些特殊人群(如糖尿病患者)的饮食中。菊芋的这些功效均由菊芋中含有的重要生物活性物质所致,研究表明这些活性物质主要包括菊糖及酚类物质。

1.2.1 菊糖

菊糖是一种天然的、来源于植物的贮存多糖,广泛分布于 3 000 多种植物中。比较常见的含菊糖的植物有菊芋、菊苣(*Cichorium intybus*)、大丽花(*Dahlia pinnata*)及雪莲果(*Smallanthus sonchifolius*)等。菊糖是果聚糖中的一种,由数目可变的果糖单位通过 β - (2→1) 糖苷键连接 *D* - 果糖而成,为线性果聚糖,偶尔存在 β - (2→6) 糖苷键。图 1 - 2 为菊糖的分子结构式,字母 *n* 代表聚合度(Dp, degree of polymerization)。

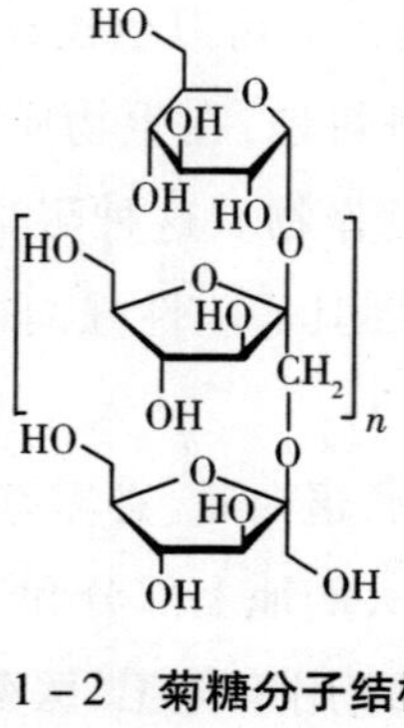

图 1 - 2 菊糖分子结构式

植物来源的菊糖长链中含有 2～100 个果糖单位，而且链的长度、组成及分支程度与植物的种属、发育阶段、生长条件、收获时间、存储时间以及提取程序等具有很大相关性。低聚合度的菊糖具有作为益生元和保健食品的应用潜力；相反，高聚合度的菊糖由于具有溶解性低、黏性高、稳定性高等特点而成为乳品行业低脂产品中脂肪的替代品。

由于菊糖在自然界中的广泛分布及其在工业中的重要作用，其提取、分离和鉴定一直为人们所重视。许多研究为了从植物中更好地分离菊糖而优化了提取条件，温度、提取时间等因素被认定为影响提取率的关键因素，而目前报道的主要方法中均以热水为溶剂，差别仅在于温度和提取时间的不同。研究人员通过高效液相色谱（HPLC）偶联不同的检测器分析菊糖含量，就灵敏性和溶剂梯度方面得出了有限的结论。2011 年，有研究人员建立了有效的定性和定量分析菊糖的高效液相色谱－蒸发光散射检测器（HPLC－ELSD）检测技术。菊糖聚合度分析方面，许多检测技术诸如气相质谱（GC－MS）、核磁共振（NMR）、基质辅助激光解吸电离飞行时间质谱（MALDI－TOF）等已经被建立，但高效阴离子交换色谱－偶联脉冲安培检测（HPAEC－PAD）技术因其可对菊糖进行直接鉴定而被认为是最为有效的检测手段。

菊糖具有多种食用和药用价值，但其功能特性与其聚合度及其分支关系很大。菊糖不像其他碳水化合物一样容易被人体的消化酶水解，属于非消化型糖类，所以菊糖主要用于低热量食物的添加剂以及膳食纤维等的生产。低聚果糖（短链的菊糖片段）与自然长链分子相比具有更高的溶解性和甜味，口感更佳，因而具有替代蔗糖作为甜味剂的应用前景。图 1－3 简要介绍了植物来源的菊糖的部分应用。

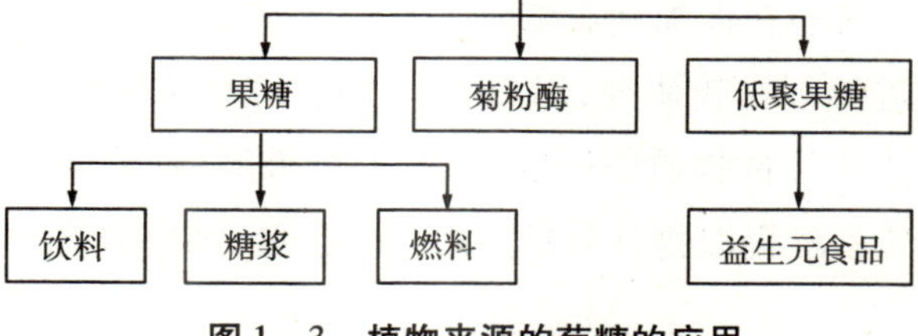

图 1－3 植物来源的菊糖的应用

菊芋块茎中菊糖含量为其鲜重的 16%~20%。有研究人员认为菊芋块茎中提取的菊糖在调节肠道功能、血液代谢物组成和肝酶活性中具有重要作用,还可治疗肥胖患者的心血管系统疾病。除此之外,已有报道显示菊芋来源的菊糖在植物渗透调节方面也发挥着基础性的作用,可作为保护剂抵抗干旱或冰冻引起的水分缺失等。

1.2.2 酚类和萜类化合物

酚类化合物是植物次生代谢产物的主要类型之一。酚类化合物被认为是比维生素 C、维生素 E 以及类胡萝卜素更强的抗氧化剂,可对多种疾病(如冠心病和某些类型的癌症)起到一定作用。萜类化合物是许多香料及中草药的主要成分,也具有多种生理活性。

菊芋中含多种酚类和萜类化合物,如香豆素、不饱和脂肪酸、聚乙炔衍生物和倍半萜烯以及酚类物质。菊芋的地上部分提取物具有抗氧化性,抗细菌、抗真菌活性,以及抗癌活性。从菊芋叶片中提取的一种吉马烷倍半萜烯内酯,在体外对腹水癌细胞具有抑制作用。

有研究人员用甲醇对菊芋叶片进行提取,然后用氯仿抽提层分离鉴定了 9 种化合物和香草醛,并进行人类乳腺癌细胞系 MCF-7 的细胞毒性试验,首次确定了菊芋中含有二萜类物质。

有研究人员从菊芋叶片中提取了抗真菌化合物及酚酸,调查了其在水果和蔬菜储存方面的作用,结果表明,叶片粗提取物或正丁醇提取物具有抗番茄灰霉病菌、苹果炭疽病菌、小麦纹枯菌和辣椒疫霉病菌活性。研究人员通过体外活性跟踪试验分离了正丁醇提取物中 6 种酚酸成分,其中咖啡酸、3,4-二咖啡酰奎宁酸和 1,5-二咖啡酰奎宁酸在抑制小麦赤霉病菌生长方面具有重要作用。这些说明菊芋叶片具有作为天然杀菌剂来源的潜力。

有研究人员对种植在保加利亚境内的不同品种菊芋在生物活性物质、自由基清除活性方面进行了比较研究,以 70% 乙醇和纯化水为溶剂并辅助超声波(45 kHz)进行了生物活性物质的提取,测定了总果聚糖、总酚及自由基清除活性,结果表明,70% 乙醇提取物具有最高的总酚含量,水提取物中具有最高的果聚糖含量。

1.3 植物组织培养

虽然植物是一种可再生资源,但是由于生长速度慢、产量低、栽培困难,以及受地理、季节、环境变化等引起的生物活性物质浓度波动和近年来对植物生物活性物质需求不断增加等诸多因素的影响,某些植物的供需矛盾日益突出。以细胞全能性为基础建立起来的植物细胞培养技术使植物来源的生物活性物质生产成为可能。植物细胞和器官培养已成为植物次生代谢产物的潜在来源,这些次生代谢产物可用于香料、着色剂、生物农药和食品添加剂等。由于植物组织培养生产植物生物活性物质不受气候、病虫害等自然条件的影响,而且不占用土地,因此被认为是解决植物生物活性物质生产与天然植物资源可持续发展之间矛盾的一种新型生物技术。第一次大规模采用植物组织培养生产药品的尝试始于20世纪50年代的一个制药公司,这一次尝试的失败影响了美国在这一领域的研究,而德国和日本仍在努力研发,直至20世纪70年代末期,组织培养技术的工业应用才被认为是可行的。

1.3.1 组织培养影响因素

目前,用于植物生物活性物质的组织培养是两步过程法,第一阶段是培养细胞的生长、增殖及生物量积累,第二阶段是植物生物活性物质的积累。两步过程法的应用既提高了细胞生物量,又提高了生物活性物质的积累。其中,比较关键的是植物组织培养条件的优化。

在植物组织培养过程中,一些化学和物理因素会影响细胞生物量和植物生物活性物质的积累,这些因素主要包括:培养基、碳源、氮源、磷、生长调节因子、接种密度、培养条件、诱导子等诸多方面。

植物组织培养的常用培养基有B5、LS、MS、SH几种。因每种培养基中成分不同,所以针对特定材料选择适合的培养基来建立培养体系至关重要。有研究人员曾报道B5培养基因含有较低的氮素水平而不适合睡茄悬浮细胞的培养。植物组织培养中通常使用单糖(如葡萄糖、果糖、麦芽糖)或二糖(蔗糖)作为碳源,其中以蔗糖报道最多。近年来的研究报道认为糖类物质是植物组织培养过程中影响细胞生长、发育和代谢的重要信号分子。

培养过程中,细胞、不定根和幼茎的生长、生物量增长及生物活性物质的积累等都需要生长调节因子的供给。生长调节因子的种类和浓度对细胞的生长、增殖和生物活性物质的积累至关重要。常用的生长调节因子可分为生长素类和细胞分裂素类。许多报道已经表明,接种密度也是影响细胞生长和生物活性物质积累的因素之一。培养条件包括培养温度、pH 值等。有研究人员研究了低温(12 ℃或 16 ℃)和高温(30 ℃)对组织培养的影响,并报道了低温和高温显著降低培养细胞的生物量,并且降低酚和黄酮的产量。研究人员研究了荧光、金属卤素光、蓝光、红光及蓝红混合光对人参毛状根培养物的生物量及人参皂苷含量的影响,发现毛状根的生长更易被红光诱导。通常情况下,培养基 pH 值在灭菌之前调节到 5~6,不同的材料对于 pH 值的需求变化范围较小。在睡茄毛状根培养物中,初始培养基 pH 值为 5.8 有利于细胞生物量的积累,而 pH 值为 6 有利于睡茄内酯 A 的积累。组织培养中的诱导子有生物和非生物两大类,诱导子早已广泛应用于植物组织培养过量生产植物生物活性物质的研究中。

1.3.2 植物悬浮细胞培养

悬浮培养系统已被广泛应用于体外条件下一些重要生物活性物质和自然产物的大规模生产。经过多年研究实践,一些天然植物活性物质,如紫草宁、小檗碱等已可以采用植物悬浮细胞培养法批量生产。此外,很多报道显示不同植物可通过细胞悬浮培养技术产生酚类化合物,并鉴定了它们的抗氧化性。目前,植物悬浮细胞培养被认为是有前途的替代全植物提取获得有价值的化合物的技术手段。

1.3.3 菊芋悬浮细胞培养

当前关于菊芋的研究主要集中在菊芋块茎和叶片上,而关于菊芋组织培养,特别是悬浮细胞培养的研究报道并不多见。有研究人员使用不同的激素组合和配比,对来自菊芋叶片和茎节的外植体进行了体外诱导,最终建立了菊芋的再生体系。2012 年,在之前的研究基础上,研究人员获得了来自菊芋叶片外植体的悬浮细胞体系。悬浮细胞培养的培养基组成和激素配比与愈伤组织诱导培养基相同，相关文章并未显示菊芋悬浮细胞的生长过程曲线。有研究人员分别测定了黑曲霉（*Aspergillus niger*）和茉莉酸甲酯（MeJA）两种诱导子对菊芋悬浮细胞生物量及菊粉酶活性的影响，并进行了二者的组合处理，但未直接测定菊糖含量，仅是间接证明了诱导子对菊糖含量的诱导作用。笔者所在实验室之前建立了菊芋悬浮细胞体系，并进行了初步优化，形成了18 d生长周期的悬浮培养体系，同时采用HPLC技术测定了MeJA和水杨酸（SA）诱导处理后悬浮细胞中菊糖含量，发现MeJA和SA对菊芋悬浮细胞中菊糖含量、产量具有诱导作用。

1.4 植物生物活性物质的诱导

对于许多重要经济植物而言，采用组织培养常常不能获得足够多的目标代谢产物，因此人们探索了多种方法，尝试提高次生代谢产物产量，方法之一就是利用非生物诱导子（如紫外线、热、冷、盐、重金属等）和来源于植物及微生物的生物诱导子来促进次生代谢产物的形成。

1.4.1 诱导子

植物次生代谢与植物防御反应间的关系早已被学界公认。植物通过激活一系列的防御机制（如合成一些植物生物活性物质作为植物抗毒素、过敏原及防御组织结构等）来激活植物自身对病原菌、昆虫或其他非生物胁迫的反应。诱导子是指一类低浓度加入活细胞系统，可以启动或提高特定化合物的生物合成，诱导改变植物生理变化的物质。图1-4为诱导子诱导防御反应产生生物活性物质的机制示意图。

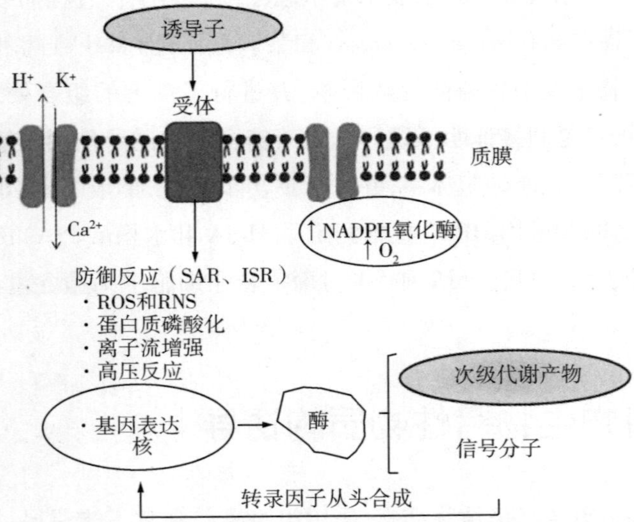

图 1－4　诱导子诱导机制示意图

1.4.1.1　诱导子分类

通常情况下，诱导子根据其来源及分子结构分为两种类型：生物诱导子和非生物诱导子。

生物诱导子包括：(1)酶，微生物来源的细胞壁碎片、多糖（几丁质和葡聚糖）、糖蛋白、脂肪酸；(2)植物防御物理损伤、真菌或细菌攻击产生的植物化学物质，植物细胞壁来源的多糖（果胶、纤维素），微生物作用植物细胞壁形成的果胶碎片；(3)KJT（壳聚糖）、葡聚糖、SA、MeJA 及其他植物激素。相反，那些不是生物来源的如重金属离子、无机盐、矿物质、水、辐射、紫外线、温度、高压、表面活性剂、机械损伤等为非生物诱导子。

1.4.1.2　诱导影响因素

诱导子提高植物生物活性物质产量的效率取决于诱导子与植物细胞间复杂的相互作用。诱导子特异性、诱导子浓度、诱导时间、诱导子处理时培养物的发育阶段是影响细胞生物量和生物活性物质积累的重要因素。

有证据表明，相同的诱导子可以刺激不同的细胞培养物中植物生物活性物质的产生，而且某些植物细胞响应多种诱导子。尽管代谢产物的种类取决于植物物种，诱导动力学或代谢物积累水平随诱导子不同而变化，但使用不同的诱导子处理特定的细胞培养物可以产生相同的化合物积累水平。有研究人员在使用生物诱导子和非生物诱导子对曼陀罗毛状根细胞培养物进行诱导处理时发现了不同的诱导动力学和不同释放水平的莨菪碱和东莨菪碱。但事实上许多研究表明，诱导产生的代谢产物种类取决于植物种类，并不取决于诱导子种类。

诱导子浓度是影响反应强度和有效剂量的主要因素，因各植物种类不同而有所变化。对于任何一个特定的植物细胞培养系统而言，确定诱导子的最佳诱导时间和浓度都非常重要。有研究表明，在一个植物细胞培养系统中起到显著效应的诱导子浓度应用于另一个植物细胞培养系统中时，诱导效率显著降低。通常情况下，诱导子与植物细胞相互作用至收获，但代谢产物积累需要的时间是每种植物特定的，这一般通过测定代谢产物形成过程中相关酶的活性而确定。

一般情况下，诱导子添加的最佳时间是对数生长期，此时细胞的酶系统处于最佳工作状态，因而可对诱导子产生有效反应。有研究人员在利用臭氧诱导贯叶连翘（*Hypericum perforatum*）生产金丝桃素时，发现对数生长期诱导的含量高于稳定期和衰亡期；相反，MeJA 于衰亡期诱导的黄花夹竹桃（*Thevetia peruviana*）悬浮细胞中黄花夹竹桃次苷获得了 8.93 mg/L 的高含量。除上述因素外，试验中还应考虑培养条件（如培养基、光照等）的影响。

1.4.2 植物生物活性物质的诱导研究现状

1.4.2.1 MeJA 和 SA

茉莉酸（JA）和 MeJA 是参与植物化学和物理防御反应的激素。有报道称，JA 和 MeJA 是氧化的脂肪酸，来自被脂肪酶从叶绿体膜释放的亚麻酸，随后被脂氧合酶氧化形成过氧化氢衍生物。SA 作为植物体内对 JA 具有拮抗作用的信号分子，在植物的抗逆反应及次生代谢调控中也具有十分重要的作用。

信号分子如 MeJA 和 SA 已广泛应用于细胞培养物中植物生物活性物质的增加和积累研究。有研究人员研究了不同浓度（0 mg/L、1.0 mg/L、2.0 mg/L、5.0 mg/L 和 10.0 mg/L）JA 对人参不定根培养物的影响，结果表明随着 JA 浓度的增加细胞的鲜重和干重降低了,但是人参皂苷的含量随JA浓度增加而提高。JA可诱导增加红豆杉(*Taxus chinensis*)细胞培养物中紫杉醇的积累。有研究人员使用MeJA和SA处理结合转基因技术提高了丹参毛状根中一种用于心血管疾病治疗的物质的含量。SA在增加芦荟中蒽醌类化合物含量从而提高抗炎活性的研究中也显示出重要作用。MeJA和SA的处理还提高了十字花科植物中芥子油苷的含量。有研究人员报道了25 μmol/L MeJA处理后5个不同的芸薹属和萝卜属植物8 d龄幼芽中总芥子油苷含量提高。在MeJA处理悬浮细胞的研究中,对照组胞外紫杉醇含量为2.0~6.5 mg/L,处理组胞外紫杉醇含量增加到22.9~52.7 mg/L。

1.4.2.2 YE

YE(酵母提取物)作为诱导子处理后增加了丹参悬浮细胞中的丹参酮含量,同时发现YE还提高了金盏花(*Calendula officinalis* L.)悬浮细胞中齐墩果酸的含量,而且JA也刺激了齐墩果酸的分泌。

1.4.2.3 KJT

有研究人员报道称甲壳素脱乙酰基衍生物形成的KJT(28 ku,溶解在0.5%乳酸中)诱导处理后的向日葵幼芽,相比对照材料,总质量增加了12.9%,发芽率提高了16%,总黄酮含量增加了11.8%;而0.05%的KJT(493 ku,溶解在0.05%乙酸中)诱导处理后的大豆幼芽,相比对照材料,总质量增加了26%,维生素C含量增加了14%。有研究人员研究了KJT、YE和Ag 3种诱导子对水母雪莲(*Saussurea medusa*)悬浮细胞中紫丁香苷合成及其相关酶活性的影响,发现所有的诱导子均可提高紫丁香苷的含量,1.5% YE+0.2 g/L KJT+75 μmol/L Ag组合诱导15 d时诱导效果最佳,紫丁香苷含量达到741.9 mg/L,是对照的3.6倍。

1.4.2.4 真菌

曾有研究人员使用黑曲霉菌丝体和四甲基溴化铵联合诱导处理长春花[*Catharanthus roseus* (L.) G. Don]细胞培养物,与对照相比,其阿玛碱含量提高。

1.4.2.5 重金属

重金属是一个主要的非生物胁迫因子。重金属可抑制植物生长,近年来许多研究揭示了其在植物次生代谢产物生成方面的作用。Ag 作为诱导子刺激了丹参毛状根细胞培养物中次生代谢产物的积累,丹参酮含量增加了 2 倍。有研究人员研究了 Co、Ag、Cd 3 种重金属对葡萄(*Vitis vinifera*)悬浮细胞的生存活力及次生代谢产物(特别是花青素和酚酸)的含量的影响,发现 Co(5 μmol/L、25 μmol/L、50 μmol/L)、Ag(5 μmol/L)和 Cd(5 μmol/L)处理 4 h 可有效积累酚酸,而对花青素含量没有产生影响。使用 Ag 和 MeJA 对适应 KJT 的红豆杉悬浮细胞进行处理后,胞外紫杉醇含量相比对照分别增加了 4.6 倍和 3.2 倍。

1.5 研究的目的及意义

菊芋所含的菊糖和酚类物质具有重要的生理功能,已广泛应用于食品、医药等行业,但菊芋块茎中菊糖含量受天气、季节、收获时间和存储条件等诸多因素影响,而酚类物质等次生代谢产物的研究也仅限于菊芋叶片和块茎组织。

本研究将利用植物组织培养技术建立菊芋悬浮细胞培养体系,选择 5 种生物诱导子[MeJA、SA、KJT、YE 和绿色木霉(Tv)]和 1 种非生物诱导子[硝酸银($AgNO_3$)]对菊芋悬浮细胞进行诱导处理,分析诱导子对菊糖产量和低聚合度菊糖比例、总酚含量和 14 种酚类物质含量的诱导效果,探索后续利用植物反应器生产菊芋来源生物活性物质的可能。

第 2 章

菊芋悬浮细胞培养体系建立

2.1 材料与方法

2.1.1 试验材料

菊芋品系：青芋2号，块茎购买自青海省农林科学院，种植于东北林业大学。菊芋生长到株高约1 m时，取其叶片、茎节、块茎作为外植体进行愈伤组织诱导。

2.1.2 主要试剂

MS培养基干粉、萘乙酸（NAA）、6－苄基腺嘌呤（6－BA）、激动素（KT）、脯氨酸、谷氨酰胺。

2.1.3 主要仪器

高压蒸汽灭菌锅、恒温空气浴摇床、电子天平、超净工作台等。

2.1.4 方法

2.1.4.1 愈伤组织的诱导

配制愈伤组织诱导培养基，基本成分为MS＋30 g/L蔗糖＋7.5 g/L琼脂，pH值为5.8～6.0，激素的组合见表2－1。

表 2-1 愈伤组织诱导激素组合

处理组编号	NAA/($mg \cdot L^{-1}$)	6-BA/($mg \cdot L^{-1}$)	KT/($mg \cdot L^{-1}$)
1	1.0	0.5	—
2	1.0	1.0	—
3	1.0	2.0	—
4	1.0	3.0	—
5	1.0	5.0	—
6	1.0	—	0.5
7	1.0	—	1.0
8	1.0	—	2.0
9	1.0	—	3.0
10	1.0	—	5.0

切取菊芋幼嫩叶片、茎节及块茎于1 000 mL烧杯中，加入少许洗衣粉于流水下冲洗30~60 min，然后转移到超净工作台中消毒处理。按如下程序进行：75%乙醇，20 s；无菌水3次，每次1~2 min；0.1% $HgCl_2$，2 min；无菌水5次，每次1~2 min。转移到铺有无菌滤纸的平皿中，切成1 cm^2大小的叶片、茎节及块茎切片，接种于上述培养基中，于(25±1) ℃培养室中暗培养，3周后观察愈伤组织形态、统计愈伤组织诱导率及干重。

2.1.4.2 菊芋悬浮细胞培养体系的建立

将上述愈伤组织诱导培养基中最佳激素组合下培养的淡黄色松脆愈伤组织接种到相同激素水平的MS液体培养基(100 mL)中，进行愈伤组织接种量(表2-2)、继代原液保留量(表2-3)、蔗糖浓度(表2-4)、氮源添加(表2-5)等对比试验，120 r/min、(25±1) ℃恒温空气浴摇床暗培养3周后测定干物质含量，每组试验重复3次。

表 2－2 愈伤组织接种量对比试验

处理组编号	愈伤组织接种量($\times 10^{-2}$)/g
1	2
2	3
3	4
4	6

表 2－3 继代原液保留量对比试验

处理组编号	原液体积/mL	培养液总体积/mL
1	10	100
2	20	100
3	40	100
4	50	100

表 2－4 蔗糖浓度对比试验

处理组编号	蔗糖浓度/g
1	10
2	20
3	30
4	40
5	50

表 2-5 氮源添加对比试验

处理组编号	脯氨酸/(mg·L^{-1})	谷氨酰胺/(mg·L^{-1})
1	0	0
2	0	0.5
3	0	1.0
4	0	2.0
5	0.1	0
6	0.1	0.5
7	0.1	1.0
8	0.1	2.0
9	0.5	0
10	0.5	0.5
11	0.5	1.0
12	0.5	2.0
13	1.0	0
14	1.0	0.5
15	1.0	1.0
16	1.0	2.0

2.1.4.3 菊芋悬浮细胞生长曲线的绘制

根据 2.1.4.2 的试验结果，按最佳继代原液保留量接种新的液体培养基，培养条件不变，每隔 1 d 收集悬浮细胞(100 mL)，45 ℃干燥箱中烘干至恒重，测定悬浮细胞干重，每组试验重复 3 次。根据干重绘制菊芋悬浮细胞生长曲线。

2.2 结果与分析

2.2.1 愈伤组织的诱导

根据表2－1的激素配比，将无菌叶片、茎节及块茎3种外植体培养3周后，观察愈伤组织形态，统计愈伤组织诱导率及干重，具体见表2－6。根据结果确定了菊芋愈伤组织诱导外植体为茎节，最佳诱导激素组合为1.0 mg/L NAA＋1.0 mg/L 6－BA。

2.2.2 菊芋悬浮细胞培养体系的建立

将MS＋1.0 mg/L NAA＋1.0 mg/L 6－BA上生长的淡黄色松脆愈伤组织接种到液体培养基中，按表2－2～表2－5的梯度设计接种，120 r/min、(25±1)℃恒温空气浴摇床培养3周，测定干物质含量，结果分别见表2－7～表2－10。确定最佳接种量为每100 mL液体培养基接种4 g新鲜愈伤组织，最佳继代原液保留量为20%，最佳蔗糖浓度为30 g/L，最佳氮源添加为0.5 mg/L脯氨酸＋1.0 mg/L谷氨酰胺。

表2－6　不同激素组合对菊芋叶片、茎节及块茎愈伤组织诱导的影响

外植体	激素/(mg·L^{-1})	诱导率/%	愈伤组织形态	干重/(克·瓶$^{-1}$)
叶片	NAA 1.0+6－BA 0.5	46.7±1.5	绿色,致密	0.307±0.016
	NAA 1.0+6－BA 1.0	81.2±1.3	淡黄色,松脆	0.532±0.012
	NAA 1.0+6－BA 2.0	77.6±2.2	淡黄色,松脆	0.518±0.019
	NAA 1.0+6－BA 3.0	66.5±1.6	褐色,松脆	0.442±0.006
	NAA 1.0+6－BA 5.0	53.4±3.1	褐色,致密	0.453±0.017
	NAA 1.0+KT 0.5	43.3±2.7	绿色,致密	0.246±0.090
	NAA 1.0+KT 1.0	78.6±1.1	淡黄色,松脆	0.521±0.025
	NAA 1.0+KT 2.0	76.2±1.5	淡黄色,松脆	0.483±0.014
	NAA 1.0+KT 3.0	60.5±2.3	褐色,松脆	0.412±0.023
	NAA 1.0+KT 5.0	48.2±1.7	褐色,致密	0.431±0.024
茎节	NAA 1.0+6－BA 0.5	50.4±2.3	绿色,致密	0.343±0.027
	NAA 1.0+6－BA 1.0	83.7±1.2	淡黄色,松脆	0.679±0.023
	NAA 1.0+6－BA 2.0	80.1±1.1	淡黄色,松脆	0.591±0.008
	NAA 1.0+6－BA 3.0	72.4±2.4	褐色,松脆	0.557±0.013
	NAA 1.0+6－BA 5.0	58.2±1.9	褐色,致密	0.560±0.020
	NAA 1.0+KT 0.5	47.5±1.5	绿色,致密	0.312±0.028
	NAA 1.0+KT 1.0	80.1±1.8	淡黄色,松脆	0.588±0.036
	NAA 1.0+KT 2.0	75.4±2.2	淡黄色,松脆	0.580±0.021
	NAA 1.0+KT 3.0	64.3±1.3	褐色,松脆	0.506±0.025
	NAA 1.0+KT 5.0	56.7±2.1	褐色,致密	0.501±0.013

续表

外植体	激素/(mg·L^{-1})	诱导率/%	愈伤组织形态	干重/(克·瓶$^{-1}$)
块茎	NAA 1.0 + 6 - BA 0.5	45.2 ± 2.1	绿色,致密	0.352 ± 0.024
	NAA 1.0 + 6 - BA 1.0	65.3 ± 1.5	绿色,致密	0.527 ± 0.031
	NAA 1.0 + 6 - BA 2.0	66.4 ± 1.2	淡黄色,松脆	0.546 ± 0.019
	NAA 1.0 + 6 - BA 3.0	70.4 ± 1.9	淡黄色,松脆	0.621 ± 0.018
	NAA 1.0 + 6 - BA 5.0	53.7 ± 1.7	褐色,致密	0.488 ± 0.027
	NAA 1.0 + KT 0.5	40.5 ± 1.6	绿色,致密	0.324 ± 0.034
	NAA 1.0 + KT 1.0	58.3 ± 1.7	绿色,致密	0.522 ± 0.023
	NAA 1.0 + KT 2.0	59.7 ± 1.3	淡黄色,松脆	0.521 ± 0.015
	NAA 1.0 + KT 3.0	63.2 ± 2.2	淡黄色,松脆	0.569 ± 0.026
	NAA 1.0 + KT 5.0	49.4 ± 0.9	褐色,致密	0.312 ± 0.021

表 2－7　愈伤组织接种量对菊芋悬浮细胞生长的影响

处理组编号	愈伤组织接种量 $(\times10^{-2})/(g\cdot mL^{-1})$	细胞干重 $(\times10^{-2})/g$	颜色
1	2	0.437 ±0.019	淡黄色
2	3	0.584 ±0.021	黄色
3	4	0.626 ±0.012	黄色
4	6	0.448 ±0.026	褐色

表 2－8　继代原液保留量对菊芋悬浮细胞生长的影响

处理组编号	原液体积/mL	培养液总体积/mL	细胞干重 $(\times10^{-2})/g$	生长状况
1	10	100	0.476 ±0.018	生长缓慢,淡褐色
2	20	100	0.602 ±0.011	生长快,黄色
3	40	100	0.574 ±0.016	生长快,黄褐色
4	50	100	0.566 ±0.024	生长快,褐色

表 2－9　蔗糖浓度对菊芋悬浮细胞生长的影响

处理组编号	蔗糖浓度/ $(g\cdot L^{-1})$	细胞干重 $(\times10^{-2})/g$	生长状况
1	10	0.323 ±0.017	基本不生长,褐色
2	20	0.514 ±0.023	生长缓慢,淡黄色
3	30	0.612 ±0.014	生长快,黄色
4	40	0.578 ±0.020	生长快,黄褐色
5	50	0.554 ±0.013	生长快,褐色

表 2-10 氮源添加对菊芋悬浮细胞生长的影响

处理组编号	脯氨酸/($mg \cdot L^{-1}$)	谷氨酰胺/($mg \cdot L^{-1}$)	细胞干重($\times 10^{-2}$)/g	颜色
1	0	0	0.322 ±0.002	淡黄色
2	0	0.5	0.327 ±0.004	淡黄色
3	0	1.0	0.332 ±0.001	淡黄色
4	0	2.0	0.319 ±0.003	黄褐色
5	0.1	0	0.445 ±0.008	淡黄色
6	0.1	0.5	0.464 ±0.024	黄色
7	0.1	1.0	0.548 ±0.012	黄色
8	0.1	2.0	0.545 ±0.006	黄褐色
9	0.5	0	0.474 ±0.002	淡黄色
10	0.5	0.5	0.468 ±0.004	黄色
11	0.5	1.0	0.632 ±0.003	黄色
12	0.5	2.0	0.604 ±0.005	黄褐色
13	1.0	0	0.476 ±0.004	淡黄色
14	1.0	0.5	0.516 ±0.003	黄色
15	1.0	1.0	0.502 ±0.005	黄色
16	1.0	2.0	0.531 ±0.010	黄褐色

2.2.3 菊芋悬浮细胞生长曲线

在建立菊芋悬浮细胞最佳培养体系后,按20%继代原液保留量接种,连续培养24 d,根据每隔1 d测得的细胞干重绘制菊芋悬浮细胞生长曲线,如图2-1所示。由图可见,菊芋悬浮细胞生长曲线呈“S”形,0~4 d为迟滞期,5~18 d为对数生长期,19~24 d为稳定期。6 d时细胞干重增长达2倍,18 d达到最大,为每100 mL 0.548 g。

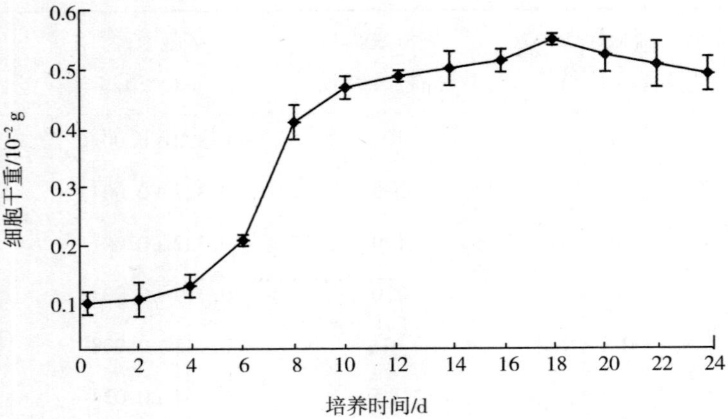

图 2－1　菊芋悬浮细胞生长曲线

2.3　讨论

本研究采用了 1.0 mg/L 生长激素 NAA 与两种不同浓度的细胞分裂素 6－BA 及 KT 为植物激素组合进行了 3 种菊芋外植体的愈伤组织诱导试验。从表 2－6 的统计数据中可以看出，愈伤组织诱导率方面，茎节普遍高于叶片和块茎，每瓶培养中获得的愈伤组织干重也显示同样的结果，同时显示块茎更需要较高比例的细胞分裂素，说明在相同的试验条件下，茎节更适合菊芋愈伤组织的诱导，且 6－BA 的效果优于 KT。本研究与已有研究在最终确定的激素组合与浓度上一致，均为 1.0 mg/L NAA＋1.0 mg/L 6－BA，但是外植体的选择却不同。已有研究结果中，在 1.0 mg/L NAA＋1.0 mg/L 6－BA 的激素组合下叶片愈伤组织获得的干物质为(0.590 0 ±0.002 4) g，茎节为(0.350 0 ±0.003 2) g；而本研究中，叶片为(0.532 ±0.012) g，茎节为(0.679 ±0.023) g。本研究相比已有研究，叶片愈伤组织干重相差不大，茎节愈伤组织高了近 1 倍，这可能是由于选用的菊芋品系不同，这一现象在很多其他植物组织培养过程中也有发现。

在植物悬浮细胞培养体系建立的过程中，影响细胞体外培养的因素主要有培养基的种类、碳源和氮源的种类及浓度、接种密度、培养条件等。根据已有的研究结果及前期的预试验结果，本研究选用 MS 培养基作为菊芋悬浮细胞培养的基础培养基，进行愈伤组织接种量、继代原液保留量、蔗糖浓度及氮源添加等方面的优化。愈伤组织接种量及继代原液保留量即接种密度的具体指标，直接影响到培养过程中悬浮细胞的生长状况，如愈伤组织接种量及继代原液保留量过大，单位体积内细胞浓度高，细胞生长状态不均一，则营养和 O_2 的缺乏会使细胞发生褐变，表 2－7 和表 2－8 记录的生长状况亦如此。

蔗糖是植物组织培养过程中的主要碳源。蔗糖浓度过高抑制细胞的生长，细胞干重减少；浓度过低，细胞生长缓慢，达不到试验要求。本书中确定的悬浮培养基中蔗糖浓度为 30 g/L。氮源的水平影响植物细胞的生物量和生物活性物质的积累。除培养基配方中原有氮素之外，本研究中还添加了两种氨基酸作为补充，并获得了较好的悬浮细胞生长效果，细胞干重增长了近 1 倍。

2.4 本章小结

通过对菊芋叶片、茎节及块茎 3 种外植体在愈伤组织诱导率、形态及干重的比较，结合 NAA 与 6－BA 和 KT 的激素组合筛选，确定了菊芋愈伤组织诱导的最佳外植体和培养基分别为茎节和 MS＋1.0 mg/L NAA＋1.0 mg/L 6－BA。将获得的淡黄色松脆愈伤组织转接到液体培养基中，通过愈伤组织接种量、继代原液保留量、蔗糖浓度、氮源添加等条件的摸索，建立了菊芋细胞悬浮培养体系：培养基 MS＋1.0 mg/L NAA＋1.0 mg/L 6－BA＋0.5 mg/L 脯氨酸＋1.0 mg/L 谷氨酰胺＋30 g/L 蔗糖；愈伤组织接种量为每 100 mL 液体培养基接种 4 g；继代原液保留量为 20%。获得了最佳生长曲线：0～4 d 为迟滞期，5～18 d为对数生长期，之后为稳定期。

第 3 章

菊芋悬浮细胞中生物活性物质含量检测

3.1 材料与方法

3.1.1 试验材料

菊芋悬浮细胞,45 ℃烘干,研钵内研磨成粉末,过60目筛备用。

3.1.2 主要试剂

糖类物质标准品:果糖、蔗糖。

酚类物质标准品:绿原酸、没食子酸、阿魏酸、咖啡酸、儿茶素、表儿茶素、原儿茶酸、4-羟基苯甲酸、槲皮素、SA、东莨菪内酯、3-羟基肉桂酸、芥子酸、4-羟基香豆素。

流动相:乙腈、甲醇、氢氧化钠、乙酸钠。

总酚及抗氧化性测定所用试剂:福林酚试剂、没食子酸、水溶性维生素E(Trolox)、1,1-二苯基-2-三硝基苯肼(DPPH)、2,2′-联氮-双-3-乙基苯并噻唑啉-6-磺酸(ABTS)、三吡啶基三嗪(TPTZ)、甲醇、过硫酸钾、乙酸、$FeCl_3$、乙酸钠、浓盐酸等。

3.1.3 主要仪器

HPLC系统(717型自动进样器、1525型高压泵、2420蒸发光散射检测器)、高效阴离子交换色谱系统、超高效液相色谱(UPLC)系统、液质联用(LC-MS)系统、高速冷冻离心机、控温空气浴摇床等。

3.1.4 菊糖及酚类物质测定方法

3.1.4.1 菊糖含量测定方法

采用HPLC系统,以乙腈和水为流动相(乙腈:水=1.03:0.17),测定果糖与蔗糖含量,流速1.2 mL/min,柱温30 ℃。果糖标准品溶液梯度为0 mg/L、500 mg/L、1 000 mg/L、1 500 mg/L、2 000 mg/L、2 500 mg/L、3 000 mg/L、

3 500 mg/L、4 000 mg/L，蔗糖标准品溶液梯度为 0 mg/L、500 mg/L、1 000 mg/L、2 000 mg/L、3 000 mg/L、4 000 mg/L、5 000 mg/L、6 000 mg/L。以不同浓度果糖标准品溶液和蔗糖标准品溶液的保留时间（x）为横坐标、相应的峰面积（y）为纵坐标，绘制果糖和蔗糖含量的标准曲线。

由公式 $I=k(F-f-f_1)$ 计算菊糖含量。其中，F 为水解后果糖总含量；f 为水解前游离果糖含量，f_1 为水解前蔗糖含量；k 为转换系数，在未知聚合度的菊糖中，k 取 0.995。

菊糖提取采用热水提取法。精确称取菊芋悬浮细胞干粉 0.3 g 于 10 mL 容量瓶中，按照 1∶20 的固液比加入纯化水（90 ℃），混匀后置于 90 ℃ 电热恒温水浴锅中热提取 50 min。冷却后定容到 10 mL，13 000 r/min 离心 10 min。离心后上清液即为菊糖粗提取液，经 0.45 μm 无菌滤膜过滤备用。每个样品进行 3 个生物学重复。

3.1.4.2 菊糖聚合度测定方法

采用高效阴离子交换色谱系统等对乙酸钠的浓度梯度进行摸索，建立了菊芋悬浮细胞菊糖聚合度测定方法。

菊糖聚合度测定以氢氧化钠和乙酸钠作为流动相（流动相 A：100 mmol/L 氢氧化钠。流动相 B：100 mmol/L 氢氧化钠∶1 mol/L 乙酸钠）。柱温 30 ℃。进样量10.0 μL。检测电极 Au（Ag，Ag/AgCl 参比电极）。波形曲线 5。电位波形：0.00 s，+0.1；0.20 s，+0.1；0.40 s，+0.1；0.41 s，−2.0；0.42 s，−2.0；0.43 s，+0.6；0.44 s，−0.1；0.50 s，−0.1。流速 0.5 mL/min。

具体检测程序见表 3－1。

表 3-1 菊糖聚合度检测程序

时间/min	流速/(mL·min^{-1})	流动相 A/%	流动相 B/%
0	0.5	90	10
2	0.5	90	10
60	0.5	50	50
62	0.5	90	10
80	0.5	90	10

3.1.4.3 总酚提取、总酚含量及抗氧化性测定

(1)总酚提取

准确称取0.1 g菊芋悬浮细胞干粉，进行表3-2中各种提取试剂的比较。混匀后超声波辅助提取90 min，静置过夜。13 000 r/min室温离心20 min，将上清液转移至新的2 mL无菌离心管内，旋转蒸发仪45 ℃过夜旋蒸干燥，甲醇∶水(1∶1)溶剂200 μL超声波辅助复溶。13 000 r/min室温离心30 min，上清液转移至新管备用。

表 3-2 总酚提取试剂的比较

编号	提取试剂	样品质量/g	提取液体积/mL
M1	60%甲醇	0.1	2.0
M2	80%甲醇	0.1	2.0
E1	60%乙醇	0.1	2.0
E2	80%乙醇	0.1	2.0
E3	95%乙醇	0.1	2.0
EA	乙酸乙酯∶甲醇=1∶1(体积比)	0.1	2.0

按总酚含量测定方法比较6种提取试剂提取总酚在625 nm下的吸光度

值，每个样品重复 3 次，比较确定最佳提取方法。

(2) 总酚含量测定

采用福林酚法测定菊芋悬浮细胞总酚含量。配制 50 μg/mL 没食子酸标准品溶液，分别取 0 μL、50 μL、100 μL、150 μL、200 μL、250 μL、300 μL，稀释到 0.5 mL，再分别加入福林酚试剂 0.5 mL、10% 碳酸钠溶液 1.5 mL，最终溶液的体积为 2.5 mL。75 ℃水浴 10 min，625 nm 下测定吸光度值，每个样品重复 3 次。以没食子酸标准品溶液浓度(x)为横坐标、625 nm 下吸光度值(y)为纵坐标，绘制没食子酸含量的标准曲线。

(3) 铁离子还原/抗氧化能力法(FRAP)标准曲线

Trolox 标准品浓度梯度为 0 mg/L、75 mg/L、150 mg/L、225 mg/L、300 mg/L、375 mg/L、450 mg/L。取不同浓度的 Trolox 标准品溶液 30 μL，加入 TPTZ 溶液 3 mL，混合后在黑暗下反应 5 min，595 nm 下测定吸光度值，每个样品重复 3 次。以 Trolox 标准品溶液浓度(x)为横坐标、595 nm 下吸光度值(y)为纵坐标，绘制标准曲线。

(4) DPPH 标准曲线

Trolox 标准品浓度梯度为 0 mg/L、100 mg/L、200 mg/L、300 mg/L、400 mg/L、500 mg/L。取不同浓度的 Trolox 标准品溶液 30 μL，加入 0.1 mmol/L DPPH 溶液 3 mL，混合后在黑暗下反应 30 min，517 nm 下测定吸光度值，每个样品重复 3 次。以 Trolox 标准品溶液浓度(x)为横坐标、517 nm 下吸光度值(y)为纵坐标，绘制标准曲线。

(5) ABTS 标准曲线

Trolox 标准品浓度梯度为 0 mg/L、75 mg/L、150 mg/L、225 mg/L、300 mg/L、375 mg/L、450 mg/L。取不同浓度的 Trolox 标准品溶液 30 μL，加入 ABTS 溶液 3 mL，混合后在黑暗下反应 6 min，734 nm 下测定吸光度值，每个样品重复 3 次。以 Trolox 标准品溶液浓度(x)为横坐标、734 nm 下吸光度值(y)为纵坐标，绘制标准曲线。

3.1.4.4 LC－MS 法分离 14 种酚类物质

采用 LC－MS 系统及 UPLC 系统，流动相 A 为水(含 0.5% 乙酸)，流动相 B 为乙腈(含 0.5% 乙酸)，进样体积 2 μL。按表3－3 程序分离 14 种酚类物质的混合标准溶液。

表 3－3 14 种酚类物质 UPLC 分离程序（LC－MS 法）

时间/min	流速/（mL·min^{-1}）	流动相 A/%	流动相 B/%
0	0.25	90	10
2.5	0.25	60	40
3.0	0.25	0	100
4.0	0.25	0	100
4.2	0.25	50	50
4.5	0.25	90	10
5.0	0.25	90	10

3.1.4.5 UPLC 法测定 14 种酚类物质含量

采用 UPLC 系统，流动相 A 为水（含 0.5% 乙酸），流动相 B 为甲醇（含 0.5% 乙酸），流动相 C 为乙腈（含 0.5% 乙酸），进样体积 10 μL。按表 3－4 程序分离 14 种酚类物质的混合标准溶液。

表 3－4 14 种酚类物质 UPLC 分离程序（UPLC 法）

时间/min	流速/（mL·min^{-1}）	流动相 A/%	流动相 B/%	流动相 C/%
0	0.4	95	4	1
4	0.4	85	12	3
6	0.4	85	12	3
10	0.4	80	16	4
13	0.4	70	25	5
16	0.4	20	40	40
19	0.4	0	50	50
22	0.4	95	4	1
24	0.4	95	4	1

3.1.5 数据分析

采用 SPSS 19.0 统计软件,对不同浓度果糖、蔗糖标准品数据,菊糖含量数据,总酚提取吸光度值数据,总酚含量及抗氧化性试验数据和 14 种酚类标准物质测定数据分别进行单因素方差分析,结果用"平均数 ± 标准差"表示,单因素方差分析(ANOVA)后进行多重比较(LSD),显著水平为 $P<0.05$。

3.2 结果与分析

3.2.1 菊糖含量测定

根据不同浓度的果糖标准品溶液测定获得果糖含量标准曲线方程 $y=15\,362.854\,9x-5\,254\,663.714\,3$,$R^2=0.999\,3$;根据不同浓度的蔗糖标准品溶液测定获得蔗糖含量标准曲线方程 $y=16\,174.889\,3x-10\,848\,520.400\,0$,$R^2=0.999\,1$。果糖的保留时间为 7.16 min,蔗糖的保留时间为 16.62 min。分别用 2 000 mg/L 的果糖标准品溶液和蔗糖标准品溶液对菊糖测定体系进行方法学验证,结果表明测定体系精密度、稳定性及重复性符合要求。图 3-1 与图 3-2 分别为 1 000 mg/L 果糖标准品溶液和蔗糖标准品溶液的 HPLC 色谱图。

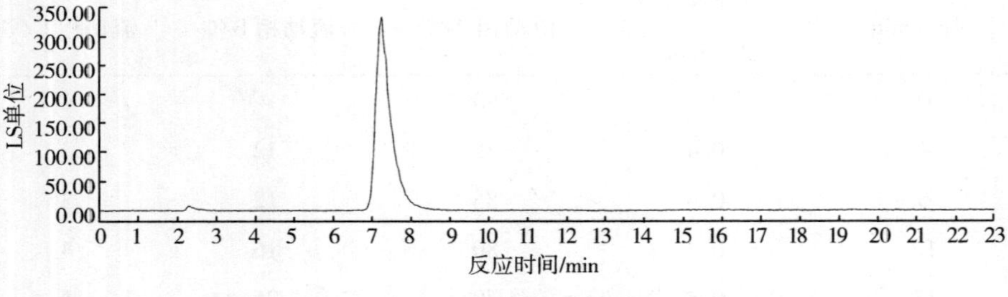

图 3-1 1 000 mg/L 果糖标准品溶液的 HPLC 色谱图

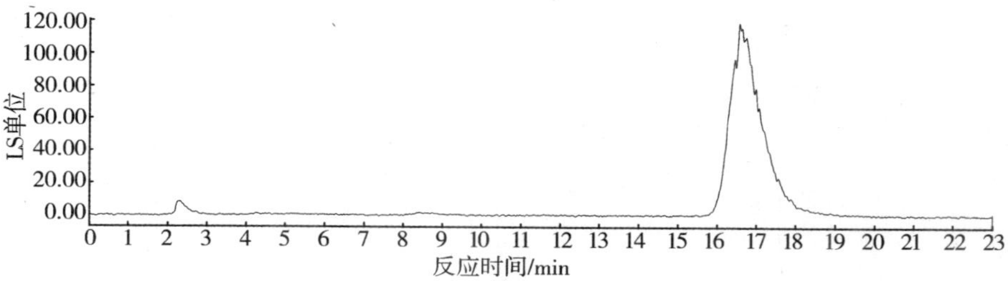

图 3-2 1 000 mg/L 蔗糖标准品溶液的 HPLC 色谱图

3.2.2 菊糖聚合度测定

将提取的菊糖稀释 20 倍后进行高效阴离子交换色谱检测，结果如图 3-3 所示。由图可见，各种菊糖聚合度都可获得良好的分离效果，最大菊糖聚合度出现在保留时间近 50 min，说明该方法适用于菊芋悬浮细胞菊糖聚合度分析。

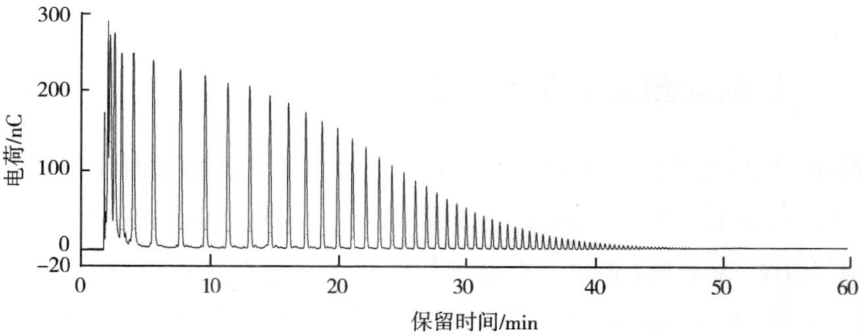

图 3-3 高效阴离子交换色谱检测色谱图(稀释 20 倍)

3.2.3 总酚提取

采用福林酚法对 6 种提取试剂提取的菊芋悬浮细胞总酚含量进行测定，625 nm 下的吸光度值如图 3-4 所示。结果显示，编号 E2 的提取试剂中吸光度值最高，达到 0.934 ±0.002，说明总提取效果最佳，因此确定菊芋悬浮细胞总酚提取试剂为 80% 乙醇。

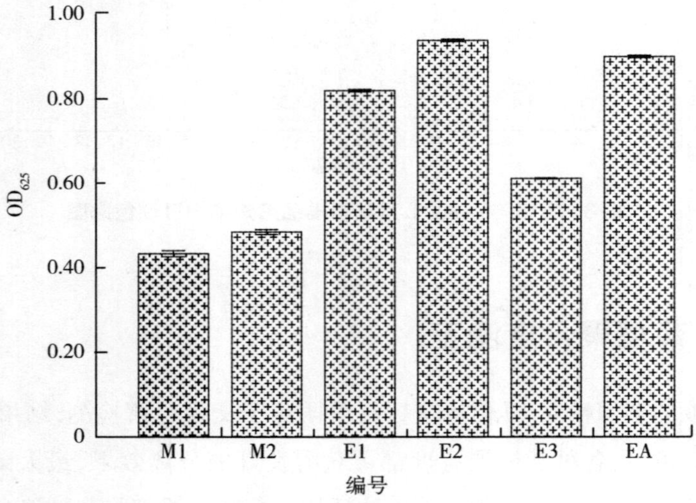

图3-4　不同提取试剂提取的总酚含量测定结果

3.2.4　总酚含量及抗氧化性测定

根据不同浓度的没食子酸标准品溶液获得总酚含量标准曲线方程为 $y = 0.002\,8x + 0.013\,4$，$R^2 = 0.999\,1$，总酚含量以 mg GAE/100 g DW(GAE 为没食子酸当量，DW 为干重)表示。根据不同浓度 Trolox 标准品溶液获得 FRAP、DPPH及 ABTS 抗氧化性标准曲线，方程分别为：$y = 0.001\,6x - 0.001\,8$，$R^2 = 0.999\,1$；$y = 0.000\,8x + 0.000\,5$，$R^2 = 0.999\,1$；$y = 0.001\,5x + 0.000\,3$，$R^2 = 0.999\,1$。FRAP 总还原力以 mg TE/100 g DW(TE 为水溶性维生素 E 当量，DW 为干重)表示，DPPH 及 ABTS 自由基清除能力以% 表示。

3.2.5　14 种酚类物质的 LC－MS 法分离

质谱检测方式为正离子检测，扫描方式为多反应监测。分析结果如图 3－5 所示，确定了 14 种酚类物质的离子对、碰撞能量(CE)及保留时间等信息，具体见表 3－5，该结果用于后续诱导子处理后菊芋悬浮细胞中 14 种酚类物质的鉴定。

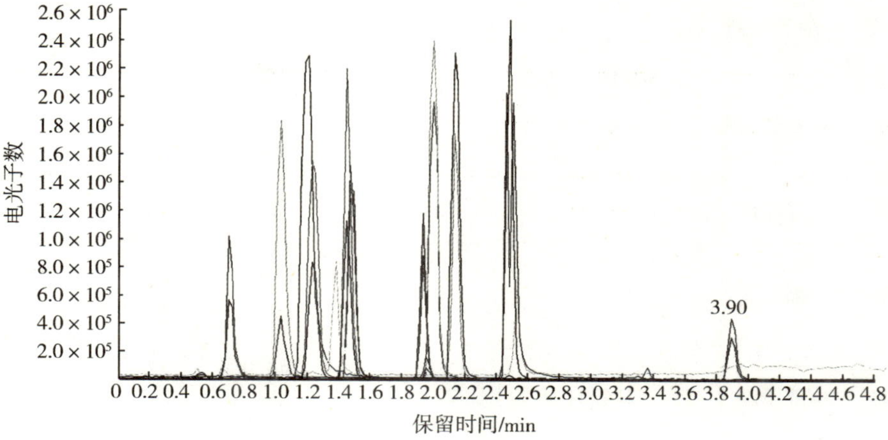

图 3－5　14 种酚类物质的 LC－MS 分离结果

表 3－5　14 种酚类物质 LC－MS 分离鉴定结果

编号	酚类物质	相对分子质量	母离子	子离子	CE	MRM 时间/min
S1	阿魏酸	194.19	194.7	116.7	32	2.00
				88.9	43	2.00
S2	SA	138.12	138.8	92.9	29	1.38
S3	咖啡酸	180.16	180.7	135.1	27	1.48
				117.0	30	1.49
S4	原儿茶酸	154.12	154.7	136.9	18	1.03
				92.9	18	1.04
S5	表儿茶素	290.27	290.5	138.8	22	1.24
				122.8	40	1.24
S6	4－羟基苯甲酸	138.12	138.8	120.9	21	1.38
S7	儿茶素	290.27	290.3	228.1	28	3.36

续表

编号	酚类物质	相对分子质量	母离子	子离子	CE	MRM 时间/min
S8	东莨菪内酯	192.17	192.3	149.0	32	1.96
				120.7	40	1.96
S9	绿原酸	354.31	354.6	163.0	20	1.20
S10	槲皮素	302.23	301.8	106.0	33	3.90
				87.8	35	3.90
S11	芥子酸	224.21	224.6	146.9	27	1.94
				118.8	29	1.94
S12	没食子酸	170.12	170.8	152.6	16	0.71
				106.6	28	0.71
S13	4-羟基香豆素	162.14	162.7	120.8	25	2.49
				92.9	36	2.49
S14	3-羟基肉桂酸	164.16	164.7	118.5	24	2.14
				91.0	30	2.14

3.2.6 14 种酚类物质的 UPLC 法测定

14 种酚类物质混合标准溶液的 UPLC 分离结果如图 3-6 所示。结果显示,14 种酚类物质能够得到有效分离,可用此分离程序测定后续诱导子处理后菊芋悬浮细胞中 14 种酚类物质的含量。

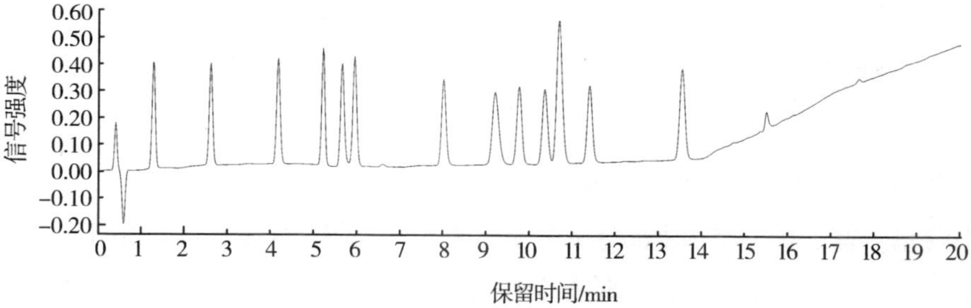

图3－6 14种酚类物质的UPLC分离图谱

以不同浓度的14种酚类物质混合标准溶液进样，建立14种酚类物质的标准曲线，曲线方程见表3－6。

表3－6 14种酚类物质UPLC分析标准曲线方程

编号	酚类物质	标准曲线方程
S1	阿魏酸	$y = 25\ 975x + 73\ 805, R^2 = 0.999\ 2$
S2	SA	$y = 21\ 900x + 93\ 617, R^2 = 0.998\ 1$
S3	咖啡酸	$y = 20\ 530x + 113\ 020, R^2 = 0.998\ 4$
S4	原儿茶酸	$y = 12\ 507x + 80\ 277, R^2 = 0.999\ 1$
S5	表儿茶素	$y = 19\ 077x + 39\ 766, R^2 = 0.999\ 5$
S6	4－羟基苯甲酸	$y = 11\ 876x + 173\ 620, R^2 = 0.998\ 7$
S7	儿茶素	$y = 17\ 482x + 71\ 823, R^2 = 0.998\ 6$
S8	东莨菪内酯	$y = 16\ 543x + 15\ 197, R^2 = 0.999\ 9$
S9	绿原酸	$y = 11\ 187x + 97\ 557, R^2 = 0.999\ 2$
S10	槲皮素	$y = 11\ 688x + 74\ 213, R^2 = 0.998\ 6$
S11	芥子酸	$y = 32\ 486x + 116\ 964, R^2 = 0.998\ 8$
S12	没食子酸	$y = 14\ 139x + 85\ 060, R^2 = 0.998\ 1$
S13	4－羟基香豆素	$y = 14\ 622x + 188\ 039, R^2 = 0.998\ 3$
S14	3－羟基肉桂酸	$y = 14\ 947x + 38\ 086, R^2 = 0.998\ 6$

3.3 讨论

菊糖是植物来源的多聚果糖，是具有复杂长链结构的贮存多糖，在菊芋块茎中含量丰富。因富含菊糖，菊芋备受学者们的青睐，目前已广泛用于食品、医药、化工等领域。菊糖含量和聚合度是菊芋开发和应用的限制因素，学者们针对菊糖提取、含量和聚合度分析建立了许多检测技术。本研究使用90 ℃热水、固液比 1∶20、提取时间 50 min 进行菊芋悬浮细胞菊糖的提取，获得了较好的提取效果。使用乙腈和水作为流动相，进行了菊糖含量的测定，这一方法与相关研究建立的有效定性和定量分析菊糖的检测方法是一致的，但流动相比例、流速和检测时间稍有差异，说明该含量测定方法是可靠的。高效阴离子交换色谱技术是菊糖最有效的检测手段。本研究通过摸索乙酸钠的浓度，获得了良好的菊糖聚合度分离效果，菊糖最大聚合度出现在近 50 min 的保留时间，说明该分析检测程序适用于菊芋悬浮细胞菊糖聚合度分析。

酚类物质提取的方法多种多样，效果不一。曾有学者采用乙酸乙酯∶甲醇 =1∶1（体积比）提取试剂提取了菊芋块茎的总酚，采用甲醇进行了菊芋叶片总酚的提取，等等。本研究比较了 60% 甲醇、80% 甲醇、60% 乙醇、80% 乙醇、95% 乙醇、乙酸乙酯∶甲醇 =1∶1（体积比）6 种提取试剂提取菊芋悬浮细胞总酚的效果，使用 80% 乙醇提取试剂获得了最高的总酚含量，这一结果与已有研究中最佳提取试剂为 70% 乙醇的结果相类似。本研究中总酚抗氧化性测定选用了 FRAP、DPPH 和 ABTS 3 种方法，其中 DPPH 方法是目前所有抗氧化性测定方法中最受大家认可的。

酚类物质都是相对分子质量较小的化学物质。有研究人员采用 LC－MS 和 GC－MS 技术分离、鉴定了 22 种酚类物质，其中 GC－MS 分离鉴定了 9 种物质，LC－MS 分离鉴定了 16 种物质，但是 LC－MS 图谱在 20 min 的保留时间内未能有效分离这 16 种物质，因此其含量数据有待进一步确证。有研究人员采用 HPLC 技术在 45 min 的保留时间内分离鉴定了菊芋叶片粗提取物中的 6 种酚类物质。可见，在相对较短的检测时间内不能有效分离鉴定太多的酚类物质。本研究中为了测定菊芋悬浮细胞中 14 种酚类物质，先利用LC－MS 技术分离鉴定了这 14 种酚类物质的离子对，使之达到通过 LC－MS 确证的目的，同时利用 UPLC 技术分离鉴定了这 14 种酚类物质，并进行含量评估，为接下来诱导子诱导处理后各个物质的含量分析提供了有效的方法。

3.4 本章小结

本章建立了适用于菊芋悬浮细胞中菊糖和总酚类物质测定的方法，具体如下：

(1)获得了果糖和蔗糖 HPLC 分析的标准曲线及菊糖含量测定的 HPLC 检测程序；

(2)通过乙酸钠浓度的优化建立了适合菊芋悬浮细胞菊糖聚合度分析的高效阴离子交换色谱检测程序；

(3)通过不同提取试剂的对比，确定了菊芋悬浮细胞中总酚的提取方法及福林酚测定方法；

(4)获得了测定菊芋悬浮细胞中总酚抗氧化性测定体系——FRAP、DPPH、ABTS 3 种方法的标准曲线；

(5)确定了用于鉴定菊芋悬浮细胞中 14 种酚类物质的 LC－MS 程序、扫描方式、离子对及 CE 参数；

(6)建立了有效分离 14 种酚类物质的 UPLC 检测程序，并获得了这 14 种酚类物质的标准曲线方程。

第 4 章

菊芋悬浮细胞中菊糖的诱导

4.1 材料与方法

4.1.1 材料

菊芋悬浮细胞。

4.1.2 主要试剂

乙腈、氢氧化钠、乙酸钠等。

诱导子:MeJA、SA、KJT、YE、Tv、硝酸银(Ag)。

4.1.3 主要仪器

HPLC 系统:717 型自动进样器、1525 型高压泵、2420 蒸发光散射检测器。

高效阴离子交换色谱系统、UPLC 系统、LC - MS 系统、旋转蒸发仪、高速冷冻离心机、控温空气浴摇床等。

4.1.4 方法

4.1.4.1 诱导子的制备与添加

MeJA(100 mmol/L):0.1 mL MeJA 原液与 4.492 mL 0.25% 乙醇充分混合,0.22 μm 无菌滤膜过滤备用。

SA(100 mmol/L):0.11 g SA 粉末溶解在 8 mL 37.5% 乙醇中,0.22 μm 无菌滤膜过滤备用。

KJT(5 mg/mL):0.09 g KJT 溶解于 18 mL 1% 乙酸溶液中,调 pH 值至 5.8 ~6.0,0.22 μm 无菌滤膜过滤备用。

YE(2 mg/mL):18 g YE 溶解在 9 mL 三蒸水中,pH 值自然,0.22 μm无菌滤膜过滤备用。

Ag(0.1 mol/L):0.17 g 硝酸银定容到 10 mL 三蒸水中,0.22 μm 无菌滤膜过滤备用。

Tv(10 mg/mL):Tv 从母菌中分离菌丝尖端,转接到新鲜马铃薯葡萄糖琼脂(PDA)固体平板上,26 ℃恒温培养,观察并记录菌落生长形态。将菌体从固体培养基上转接到液体培养基中(装液量为500 mL 摇瓶装300 mL PDA 液体培养基,接种量为5% ~10% ,140 r/min),真菌菌丝在 PDA 液体培养基中发酵培养7 ~10 d,收获菌液和菌体。称取50 g 湿菌体,匀浆后加入100 mL 纯化水,用10% 三氟乙酸调 pH 值为4,沸水浴1 h,减压抽滤,取滤液,用纯化水定容至100 mL,用氢氧化钠调 pH 值为5.8,得到提取液,冷冻保存。糖含量用蒽酮比色法测定(625 nm),以葡萄糖为标准,对照加入等体积纯化水。提取液终浓度调整到10 mg/mL,0.22 μm 无菌滤膜过滤备用。

上述各诱导子按表4 -1 浓度梯度加入悬浮继代培养4 d 的细胞悬浮培养物中,每种处理重复3 次,(25 ±1) ℃、120 r/min 空气浴摇床黑暗诱导培养14 d 后收获细胞。

表4-1 6种诱导子浓度梯度

处理组编号	MeJA/(μmol·L^{-1})	SA/(μmol·L^{-1})	KJT/(mg·L^{-1})	YE/(mg·L^{-1})	Tv/(mg·L^{-1})	Ag/(μmol·L^{-1})
1	0	0	0	0	0	0
2	25	6.25	20	0.1	30	1
3	50	12.5	40	0.25	60	5
4	100	25	80	0.5	90	10
5	150	50	120	1	120	15
6	200	75	160	2	150	20
7	250	100	—	—	—	—
8	300	150	—	—	—	—

4.1.4.2 诱导子处理后悬浮细胞生物量测定

诱导子添加 2 周后，真空抽滤收集悬浮细胞(100 mL)，45 ℃干燥箱中烘干至恒重。以诱导子浓度为横坐标(x)、悬浮细胞干重为纵坐标(y)，测定诱导子处理后菊芋悬浮细胞干重变化。

4.1.4.3 诱导子处理后菊糖含量测定

取诱导子处理后干燥的菊芋悬浮细胞，使用研钵研磨，过 60 目筛，按 3.1.4.1 方法进行菊糖的提取及含量测定，每个样品进行 3 个生物学重复。选择菊糖含量增加显著的诱导子浓度进行诱导时间的梯度处理，每 3 d 收集一次细胞，测定菊糖含量，每个样品重复 3 次，根据结果确定诱导子最佳诱导时间。同时计算诱导子诱导处理后菊芋悬浮细胞中菊糖的含量。

4.1.4.4 诱导子处理后菊糖聚合度分析

采用 3.1.4.2 方法测定不同浓度诱导子处理及最佳浓度下不同时间处理的菊糖聚合度，以 10 min 保留时间间隔内不同聚合度峰面积总和的百分比评价总体聚合度分布的变化，并对低聚合度菊糖含量比例进行分析，每个样品进行 3 个生物学重复。

4.1.4.5 数据分析

采用 SPSS 19.0 统计软件，对不同浓度诱导子处理及不同处理时间的菊芋悬浮细胞生物量、菊糖含量及聚合度分布分别进行单因素方差分析，结果用“平均数 ± 标准差”表示，单因素方差分析后进行多重比较，显著水平为 $P<0.05$。

4.2 结果与分析

4.2.1 诱导子浓度对菊芋悬浮细胞生物量的影响

对 6 种诱导子处理后收获的悬浮细胞干重进行统计，结果如图 4－1 所示。由图可知，MeJA 浓度为 100 μmol/L 时悬浮细胞干重达到最大，为(0.665 1 ±

0.000 8) g。SA 浓度为 100 μmol/L 时悬浮细胞的干重达到最大,为(0.745 8 ± 0.000 2) g。KJT 诱导的悬浮细胞在 KJT 浓度为 40 mg/L 时达到了(0.620 7 ± 0.001 8) g。YE 与 Tv 处理的悬浮细胞生物量变化曲线相似,在 YE 浓度 0.5 mg/L及 Tv 浓度 90 mg/L 时达到最大,分别为(0.684 0 ± 0.000 5) g、(0.568 9 ±0.002 4) g。Ag 浓度为 5 μmol/L 时细胞干重最大,为(0.943 2 ±0.001 0) g。6 种诱导子对菊芋悬浮细胞干重影响的效果依次为 Ag > SA > YE > MeJA > KJT > Tv。

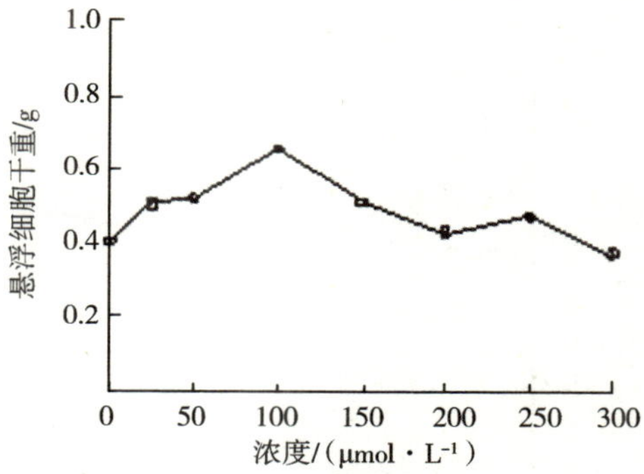

a.MeJA

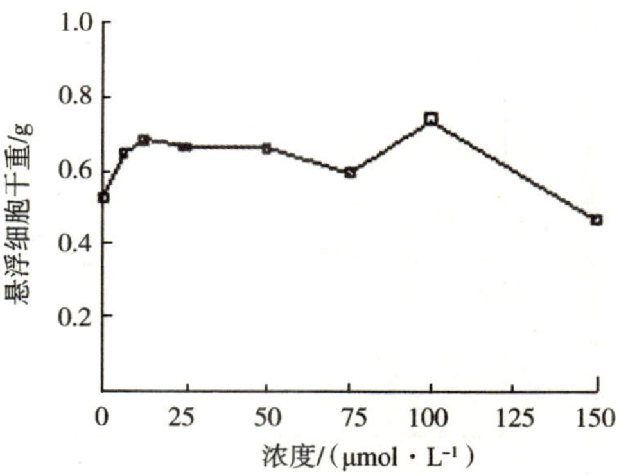

b.SA

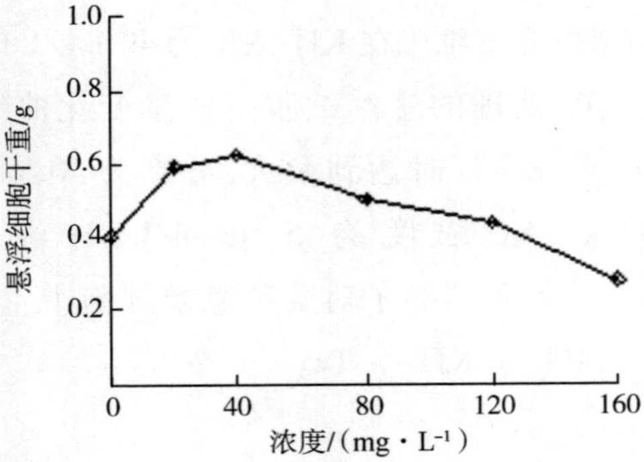
1.0
0.8
0.6
0.4
0.2
悬浮细胞干重/g
0
40
80
120
160
浓度/(mg · L⁻¹)

c.KJT

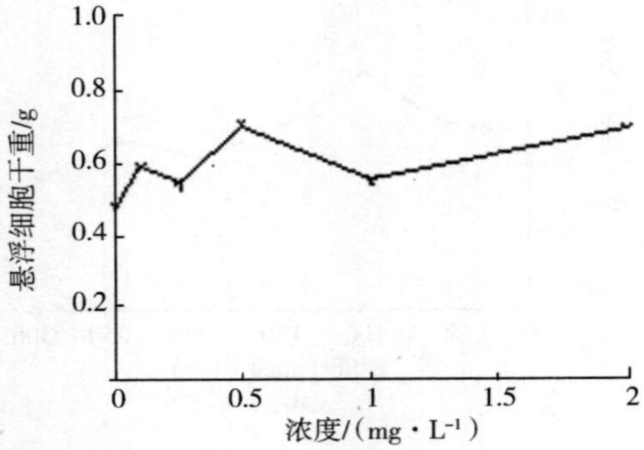
1.0
0.8
0.6
0.4
0.2
悬浮细胞干重/g
0
0.5
1
1.5
2
浓度/(mg · L⁻¹)

d.YE

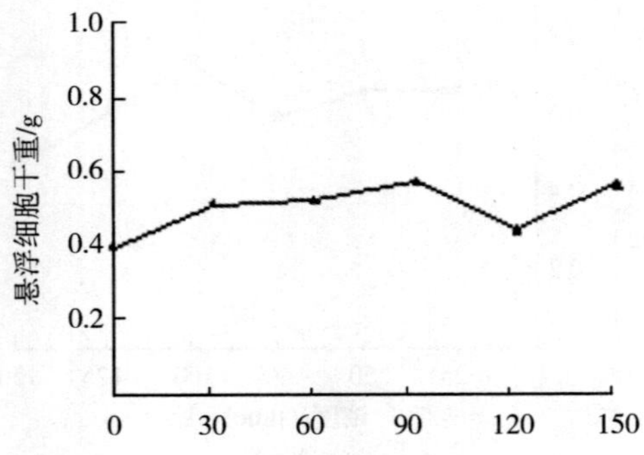
1.0
0.8
0.6
0.4
0.2
悬浮细胞干重/g
0
30
60
90
120
150
浓度/(mg · L⁻¹)

e.Tv

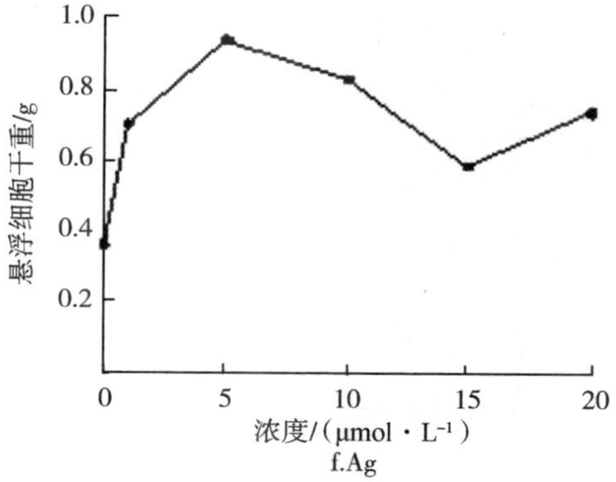

图 4-1 诱导子浓度对菊芋悬浮细胞干重的影响

4.2.2 诱导子浓度对菊芋悬浮细胞中菊糖含量、产量及聚合度的影响

根据得到的诱导子诱导后悬浮细胞中菊糖水解前后果糖和蔗糖的峰面积,利用3.1.4.1 菊糖含量测定方法计算诱导子处理前后菊糖含量的变化,结果如图 4-2 所示。从图中可以看出,低水平的 MeJA 处理即可显著增加菊糖含量,随着 MeJA 浓度的增加,菊糖含量回落后整体表现出增长的趋势,250 μmol/L 时达到最高,为(98.51 ±0.65) mg/g,为未诱导对照的 2.43 倍。SA 处理中,25 ~75 μmol/L 诱导浓度下菊糖含量增加显著,75 μmol/L 诱导浓度下菊糖含量最高,为(77.73 ±0.53) mg/g(为未诱导对照的 1.93 倍)。KJT 各浓度处理对于提高菊糖产量均有诱导作用,40 mg/L 为最佳诱导浓度,菊糖含量最高达(74.38 ±0.35) mg/g[未诱导对照为(42.19 ±0.10) mg/g]。YE 处理中,除 0.25 mg/L 诱导浓度下菊糖含量少量增加[(48.84 ±0.32) mg/g,未诱导对照为(41.51 ±0.07) mg/g],其他均表现出降低的趋势。Tv 处理中,90 mg/L 诱导浓度下菊糖含量达到最高,为(57.62 ±0.51) mg/g,是未诱导对照的 1.44 倍。高浓度的 Ag 对菊糖含量诱导显著,菊糖含量最高为(83.71 ±0.69) mg/g,10 μmol/L为较好的诱导浓度。6 种诱导子对菊糖含量的诱导效果依次为 MeJA > Ag > SA > KJT > Tv > YE。

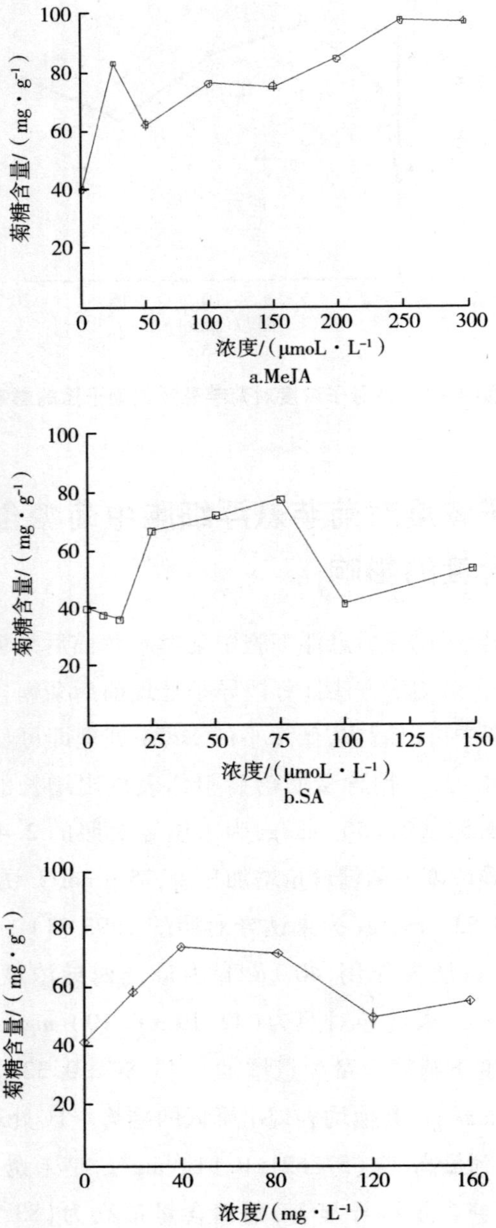
菊糖含量/（mg·g⁻¹）
浓度/（μmoL·L⁻¹）
a.MeJA
菊糖含量/（mg·g⁻¹）
浓度/（μmoL·L⁻¹）
b.SA
菊糖含量/（mg·g⁻¹）
浓度/（mg·L⁻¹）
c.KJT

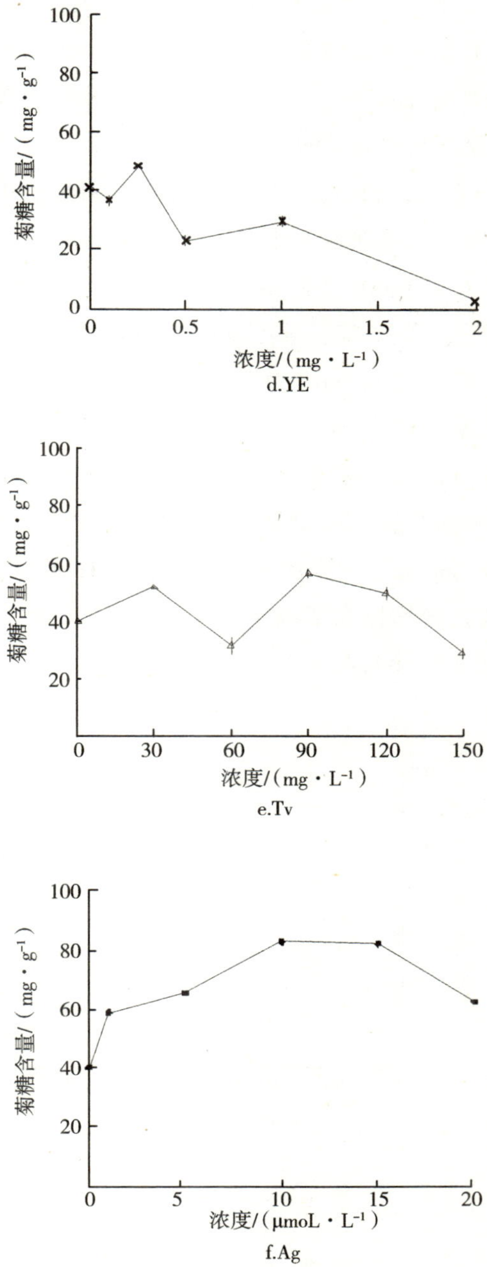

图4-2 诱导子浓度对菊芋悬浮细胞中菊糖含量的影响

由图4-1和图4-2可知，6种诱导子处理后菊芋悬浮细胞的干重和菊糖含量均显著增加。为进一步评估诱导子浓度对菊芋悬浮细胞中菊糖的影响,根据菊糖产量=细胞干重×菊糖含量的公式计算出诱导子不同浓度处理后菊芋悬浮细胞中的菊糖产量,结果如图4-3所示。由图可知,MeJA的各个浓度处理均提高了菊芋悬浮细胞中菊糖的产量,100 μmol/L MeJA处理效果最为显著,产量达到(0.512 4±0.005 4) mg/mL,为未诱导对照的3.09倍。SA的各个浓度处理也都提高了菊芋悬浮细胞中菊糖的产量,50 μmol/L SA处理效果最为显著,产量为(0.482 6±0.003 7) mg/mL,为未诱导对照的2.26倍。20~120 mg/L KJT处理后显著提高了悬浮细胞中菊糖的产量,40 mg/L时产量最高,为(0.461 7±0.002 2) mg/mL,为未诱导对照的2.76倍。低浓度的YE处理提高了细胞中菊糖的产量,0.1 mg/L YE处理时细胞中菊糖产量最高,为(0.271 0±0.009 0) mg/mL[未诱导对照为(0.192 5±0.000 3) mg/mL],其余浓度处理均降低了菊糖产量。Tv处理中最高的菊糖产量出现在90 mg/L时,为(0.327 8±0.002 9) mg/mL,比未诱导对照增加了1.06倍。Ag处理后菊糖产量提高显著,各浓度处理均提高了细胞中菊糖的产量,最高产量为(0.698 7±0.005 8) mg/mL,为未诱导对照的4.60倍。

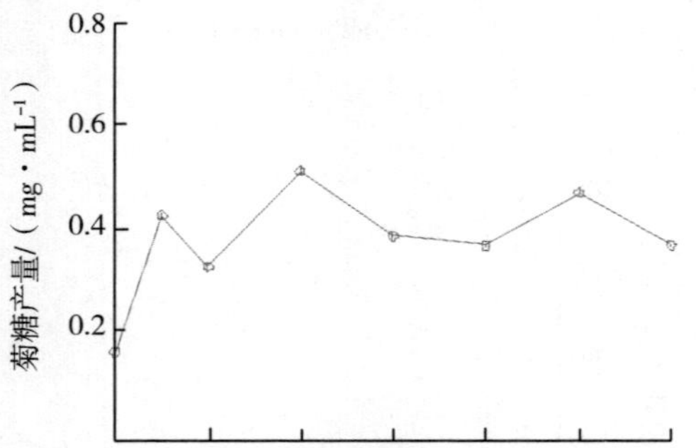

a.MeJA

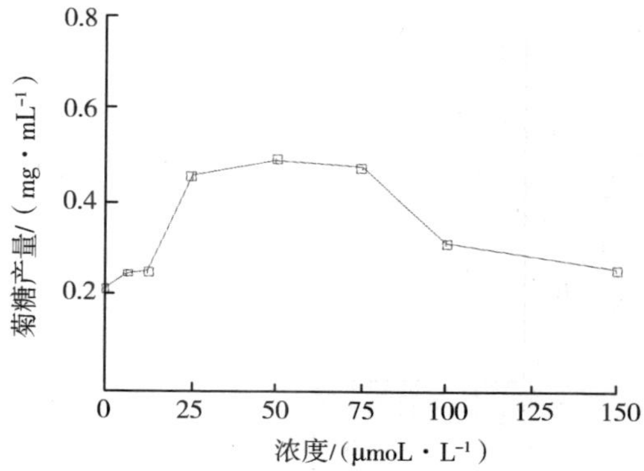
菊糖产量/（mg·mL⁻¹）
0.8
0.6
0.4
0.2
0
25
50
75
100
125
150
浓度/（μmoL·L⁻¹）

b.SA

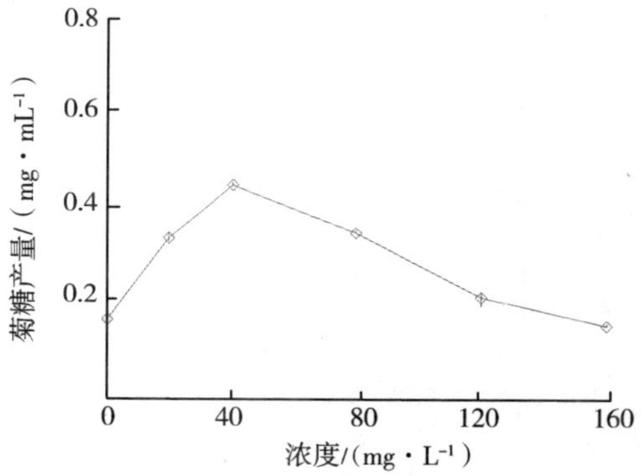
菊糖产量/（mg·mL⁻¹）
0.8
0.6
0.4
0.2
0
40
80
120
160
浓度/（mg·L⁻¹）

c.KJT

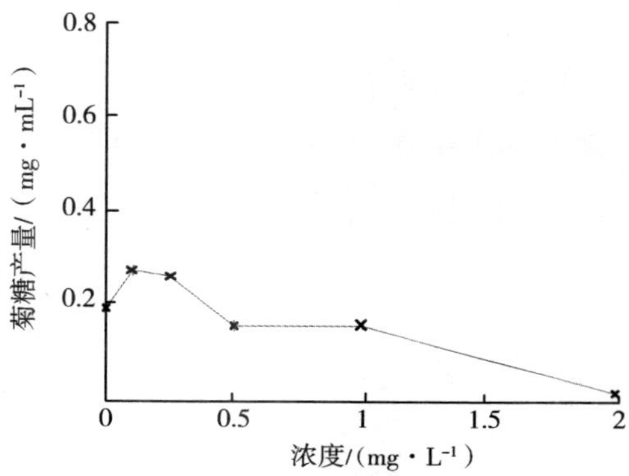
菊糖产量/（mg·mL⁻¹）
0.8
0.6
0.4
0.2
0
0.5
1
1.5
2
浓度/（mg·L⁻¹）

d.YE

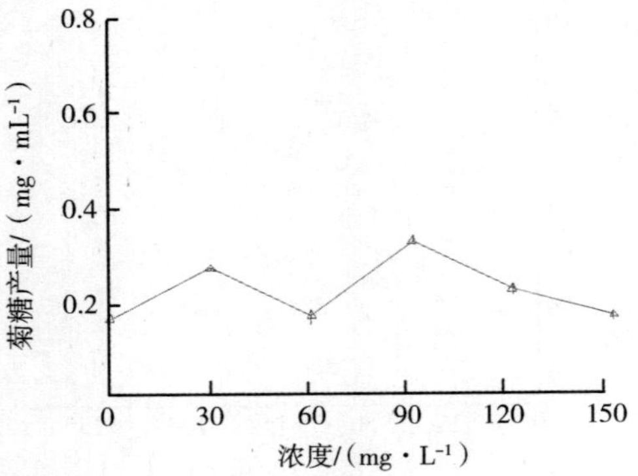

e.Tv

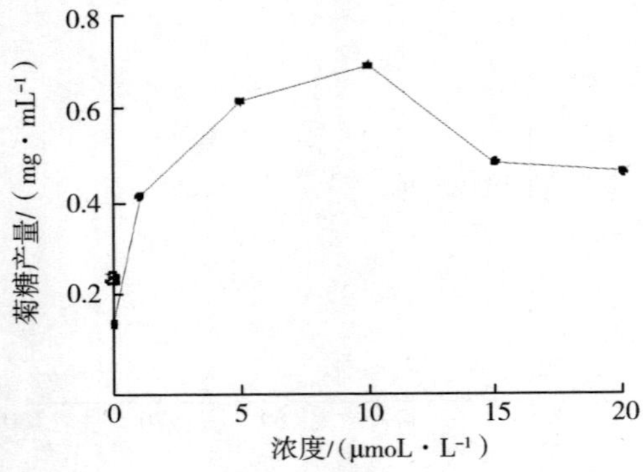

f.Ag

图4－3　诱导子浓度对菊芋悬浮细胞中菊糖产量的影响

6种诱导子不同浓度处理后菊芋悬浮细胞菊糖聚合度见表4－2。在表4－2中，MeJA和SA处理的细胞中获得了各个保留时间下不同聚合度菊糖的分布，而KJT、YE、Tv及Ag处理的菊芋悬浮细胞中获得了高含量的低聚合度菊糖。

表 4-2 诱导子浓度对菊芋悬浮细胞中菊糖聚合度的影响

诱导子	浓度	各聚合度区段所占比例/%						
		<10 min	10~20 min	20~30 min	30~40 min	40~50 min	50~60 min	>60 min
	0	52.10 ±0.20	24.13 ±0.12	14.10 ±0.20	4.76 ±0.26	1.73 ±0.02	3.15 ±0.14	0.02 ±0.00
	25	71.56 ±1.67	7.15 ±0.14	5.50 ±0.27	6.26 ±0.03	3.88 ±0.04	4.78 ±0.21	0.87 ±0.02
	50	66.88 ±1.68	5.74 ±0.29	4.31 ±0.02	4.63 ±0.04	2.19 ±0.08	9.99 ±0.43	6.28^{g} ±0.25
MeJA/	100	75.67 ±1.78	5.93 ±0.06	2.65 ±0.11	3.55 ±1.21	1.69 ±0.09	5.92 ±0.14	4.59 ±0.06
(μmol·L^{-1})	150	70.19 ±0.18	6.10 ±0.12	2.62 ±0.05	4.28 ±0.26	1.29 ±0.05	12.25 ±0.09	3.27 ±0.04
	200	76.47 ±0.14	6.81 ±0.38	3.06 ±0.50	3.09 ±0.45	1.49 ±0.17	7.21 ±0.22	1.86 ±0.13
	250	63.63 ±0.62	9.32 ±0.20	11.38 ±0.04	4.64 ±0.34	2.77 ±0.02	2.95 ±0.17	5.31 ±0.62
	300	47.50 ±0.20	8.82 ±0.14	15.91 ±0.40	13.91 ±0.68	6.26 ±0.28	3.53 ±0.12	4.06 ±0.03
	0	53.00 ±1.50	11.70 ±0.50	13.86 ±0.30	3.91 ±0.13	3.12 ±0.22	2.89 ±0.33	11.52 ±0.18
	6.25	38.64 ±1.80	31.28 ±0.59	5.95 ±0.28	3.86 ±0.30	5.91 ±0.13	4.12 ±0.03	10.25 ±0.02
	12.5	52.13 ±0.04	8.24 ±0.09	17.06 ±0.03	12.44 ±0.13	5.61 ±0.27	2.98 ±0.45	1.54 ±0.01
SA/	25	58.07 ±0.06	14.25 ±0.12	11.71 ±0.19	5.08 ±0.05	3.65 ±0.02	2.06 ±0.05	5.19 ±0.04
(μmol·L^{-1})	50	33.61 ±0.16	11.69 ±0.09	23.48 ±0.03	14.79 ±0.47	6.22 ±0.23	1.10 ±0.04	9.11 ±0.10
	75	63.14 ±0.07	6.47 ±0.24	15.20 ±0.19	1.20 ±0.17	2.31 ±0.12	4.61 ±0.18	7.06 ±0.33
	100	45.79 ±0.77	13.63 ±0.80	25.16 ±0.15	3.97 ±039	2.57 ±0.25	1.61 ±0.08	7.27 ±0.04
	150	62.05 ±0.71	7.05 ±0.27	5.05 ±0.27	8.03 ±0.18	2.57 ±0.12	7.20 ±0.09	8.05 ±0.29

续表

诱导子	浓度	各聚合度区段所占比例/%						
		<10 min	10 ~ 20 min	20 ~ 30 min	30 ~ 40 min	40 ~ 50 min	50 ~ 60 min	>60 min
	0	91.69 ±0.34	3.72 ±0.16	n. a.	4.59 ±0.24	n. a.	n. a.	n. a.
	20	88.98 ±0.23	2.02 ±0.19	n. a.	8.40 ±0.14	n. a.	0.59 ±0.02	n. a.
KJT/	40	97.74 ±0.20	1.61 ±0.04	n. a.	0.65 ±0.03	n. a.	n. a.	n. a.
($mg \cdot L^{-1}$)	80	86.48 ±0.14	3.33 ±0.07	2.30 ±0.09	4.68 ±0.37	3.22 ±0.20	n. a.	n. a.
	120	98.18 ±0.55	0.94 ±0.05	n. a.	0.43 ±0.03	0.45 ±0.02	n. a.	n. a.
	160	92.13 ±0.15	0.55 ±0.02	3.14 ±0.09	4.19 ±0.04	n. a.	n. a.	n. a.
	0	89.35 ±0.19	5.76 ±0.42	n. a.	3.09 ±0.25	1.69 ±0.24	0.11 ±0.02	n. a.
	0.1	93.31 ±0.05	4.29 ±0.06	n. a.	2.37 ±0.08	0.03 ±0.02	n. a.	n. a.
YE/	0.25	84.57 ±0.25	8.84 ±0.62	n. a.	6.59 ±0.19	n. a.	n. a.	n. a.
($mg \cdot L^{-1}$)	0.5	97.00 ±0.45	2.09 ±0.07	n. a.	0.59 ±0.02	0.32 ±0.03	n. a.	n. a.
	1	91.36 ±0.09	5.55 ±0.21	n. a.	2.79 ±0.36	0.30 ±0.04	n. a.	n. a.
	2	94.82 ±0.37	2.68 ±0.06	n. a.	1.76 ±0.11	0.74 ±0.02	n. a.	n. a.

续表

诱导子	浓度	各聚合度区段所占比例/%						
		<10 min	10 ~ 20 min	20 ~ 30 min	30 ~ 40 min	40 ~ 50 min	50 ~ 60 min	>60 min
Tv/ (mg · L^{-1})	0	86.35 ±0.14	2.62 ±0.03	n. a.	11.03 ±0.50	n. a.	n. a.	n. a.
	30	87.64 ±0.19	3.19 ±0.04	0.05 ±0.00	9.12 ±0.20	n. a.	n. a.	n. a.
	60	98.71 ±0.37	0.80 ±0.05	n. a.	0.48 ±0.03	n. a.	n. a.	n. a.
	90	92.25 ±0.12	1.54 ±0.22	0.02 ±0.00	6.19 ±0.13	n. a.	n. a.	n. a.
	120	92.77 ±0.20	2.48 ±0.11	n. a.	4.75 ±0.10	n. a.	n. a.	n. a.
	150	98.03 ±0.18	1.40 ±0.17	n. a.	0.57 ±0.04	n. a.	n. a.	n. a.
Ag/ (μmol · L^{-1})	0	96.89 ±0.13	0.99 ±0.02	n. a.	1.43 ±0.01	0.70 ±0.10	n. a.	n. a.
	1	87.98 ±0.44	1.73 ±0.01	n. a.	10.29 ±0.06	n. a.	n. a.	n. a.
	5	97.87 ±0.44	0.61 ±0.02	n. a.	1.15 ±0.01	0.37 ±0.02	n. a.	n. a.
	10	97.35 ±0.03	1.00 ±0.10	n. a.	1.65 ±0.05	n. a.	n. a.	n. a.
	15	91.64 ±0.32	1.16 ±0.05	n. a.	7.21 ±0.11	n. a.	n. a.	n. a.
	20	98.43 ±0.20	0.40 ±0.10	n. a.	1.17 ±0.04	n. a.	n. a.	n. a.

注：n. a. 表示未检测到。

MeJA 浓度在 25 ~ 250 μmol/L 时,均可提高保留时间 <10 min 时菊糖的含量,增幅最大的含量出现在 200 μmol/L 处理的细胞中[(76.47 ±0.14)%,是未诱导对照的 1.47 倍],300 μmol/L 处理下保留时间 <10 min 时菊糖的含量比未诱导对照低、保留时间 30 ~ 50 min 时菊糖含量显著增加。75 μmol/L SA 处理下保留时间 <10 min 时菊糖含量增加最为显著[(63.14 ±0.07)%,未诱导对照为(53.00 ±1.50)%],6.25 μmol/L、100 μmol/L 和 50 μmol/L 的 SA 分别对保留时间 10 ~ 20 min、20 ~ 30 min 及 30 ~ 40 min 时菊糖含量增加诱导最为显著,分别为(31.28 ±0.59)%[未诱导对照为(11.70 ±0.50)%]、(25.16 ±0.15)%[未诱导对照为(13.86 ±0.30)%]、(14.79 ±0.47)%[未诱导对照为(3.91 ±0.13)%]。KJT 处理的悬浮细胞中,120 mg/L 处理下获得了保留时间 <10 min 时最高的菊糖含量[(98.18 ±0.55)%,未诱导对照为(91.69 ±0.34)%]。同样在 YE(0.5 mg/L)、Tv(60 mg/L)和 Ag(20 μmol/L)处理的悬浮细胞中,获得的保留时间 <10 min 时菊糖含量最高,分别为(97.00 ±0.45)%[未诱导对照为(89.35 ±0.19)%]、(98.71 ±0.37)%[未诱导对照为(86.35 ±0.14)%]、(98.43 ±0.20)%[未诱导对照为(96.89 ±0.13)%]。上述结果显示,获得保留时间 <10 min 时高菊糖含量的诱导子效果依次为:MeJA(200 μmol/L) > SA(75 μmol/L) > Tv(60 mg/L) > YE(0.5 mg/L) = KJT(120 mg/L) > Ag(20 μmol/L)。

为进一步评估诱导子浓度对菊芋悬浮细胞中低聚合度菊糖比例的影响,对低聚合度菊糖中不同聚合度菊糖的比例进行了分析,见图 4 - 4。结果表明,Dp2 ~8 的菊糖比例被 MeJA 显著诱导增加,其中 25 μmol/L MeJA 诱导 Dp2、Dp3、Dp6、Dp7、Dp8 的菊糖比例分别增加了 0.45%、1.72%、26.98%、1.54%、0.51%,50 μmol/L MeJA 诱导 Dp2、Dp6 的菊糖比例分别增加了 0.60%、26.77%,100 μmol/L MeJA 诱导 Dp4、Dp5、Dp6、Dp8 的菊糖比例分别增加了 4.01%、1.58%、20.12%、1.49%,150 μmol/L MeJA 诱导 Dp2、Dp4、Dp5 的菊糖比例分别增加了 0.41%、6.53%、2.00%,200 μmol/L MeJA 诱导 Dp7、Dp8 的菊糖比例分别增加了 5.46%、4.02%,250 μmol/L MeJA 诱导 Dp5、Dp6 的菊糖比例分别增加了 2.45%、23.19%。SA 诱导处理中,6.25 μmol/L SA 诱导 Dp7、Dp8、Dp12、Dp13、Dp14 的菊糖比例分别增加了 1.45%、1.83%、4.00%、2.62%、4.20%,12.5 μmol/L SA 诱导 Dp6 的菊糖比例增加了 7.07%,25 μmol/L SA 诱导

Dp15 的菊糖比例增加了 6.10%，75 μmol/L SA 诱导 Dp3、Dp4、Dp9、Dp17 的菊糖比例分别增加了 5.79%、11.36%、4.67%、3.70%，100 μmol/L SA 诱导 Dp2、Dp3、Dp7、Dp12 的菊糖比例分别增加了 4.01%、7.97%、1.70%、1.40%，150 μmol/L SA 诱导 Dp2、Dp3、Dp7 的菊糖比例分别增加了 12.70%、8.00%、5.58%。KJT 诱导处理中，20 mg/L KJT 诱导 Dp4 的菊糖比例增加了 3.38%，40 mg/L KJT 诱导 Dp6 的菊糖比例增加了 5.14%，80 mg/L KJT 诱导 Dp2、Dp4、Dp5、Dp7、Dp13 的菊糖比例分别增加了 1.85%、30.79%、0.64%、2.92%、1.04%，120 mg/L KJT 诱导 Dp2、Dp7 的菊糖比例分别增加了 2.49%、1.98%，160 mg/L KJT 诱导 Dp4、Dp5、Dp7、Dp13 的菊糖比例分别增加了 55.91%、0.37%、0.55%、0.89%。YE 诱导处理中，0.1 mg/L YE 诱导 Dp3、Dp4 的菊糖比例分别增加了 6.76%、0.70%，0.25 mg/L YE 诱导 Dp4、Dp16 的菊糖比例分别增加了 23.79%、6.70%，0.5 mg/L YE 诱导 Dp4、Dp7、Dp12 的菊糖比例分别增加了 57.05%、0.73%、0.39%，1 mg/L YE 诱导 Dp3、Dp4、Dp7、Dp12、Dp14 的菊糖比例分别增加了 22.74%、6.71%、5.14%、0.11%、4.09%，2 mg/L YE 诱导 Dp12 的菊糖比例增加了 0.41%。Tv 诱导处理中，30 mg/L Tv 诱导 Dp3 的菊糖比例增加了 15.35%，60 mg/L Tv 诱导 Dp4、Dp7 的菊糖比例分别增加了 18.65%、7.16%，90 mg/L Tv 诱导 Dp4、Dp7、Dp13 的菊糖比例分别增加了 12.59%、3.74%、1.19%，120 mg/L Tv 诱导 Dp3、Dp4、Dp5、Dp7 的菊糖比例分别增加了 1.56%、5.32%、0.40%、2.76%，150 mg/L Tv 诱导 Dp3、Dp7、Dp8 的菊糖比例分别增加了 10.84%、5.50%、1.05%。Ag 诱导处理中，1 μmol/L Ag 诱导 Dp6、Dp9、Dp11 的菊糖比例分别增加了 0.30%、0.15%、1.11%，5 μmol/L Ag 诱导 Dp4、Dp5 的菊糖比例分别增加了 5.11%、0.10%，10 μmol/L Ag 诱导 Dp11 的菊糖比例增加了 0.46%，15 μmol/L Ag 诱导 Dp3、Dp5、Dp7、Dp12 的菊糖比例分别增加了 3.11%、0.20%、2.01%、1.08%，20 μmol/L Ag 诱导 Dp7 的菊糖比例增加了 11.14%。

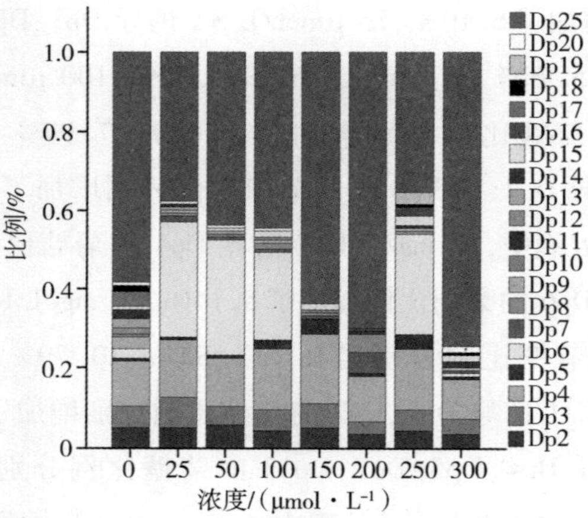
比例/%
1.0
0.8
0.6
0.4
0.2
0
0
25
50
100
150
200
250
300
浓度/(μmol·L⁻¹)
Dp25
Dp20
Dp19
Dp18
Dp17
Dp16
Dp15
Dp14
Dp13
Dp12
Dp11
Dp10
Dp9
Dp8
Dp7
Dp6
Dp5
Dp4
Dp3
Dp2

MeTA

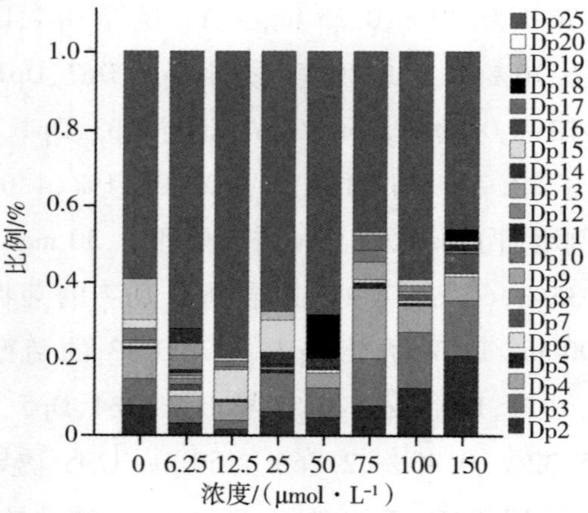
比例/%
1.0
0.8
0.6
0.4
0.2
0
0
6.25
12.5
25
50
75
100
150
浓度/(μmol·L⁻¹)
Dp25
Dp20
Dp19
Dp18
Dp17
Dp16
Dp15
Dp14
Dp13
Dp12
Dp11
Dp10
Dp9
Dp8
Dp7
Dp6
Dp5
Dp4
Dp3
Dp2

SA

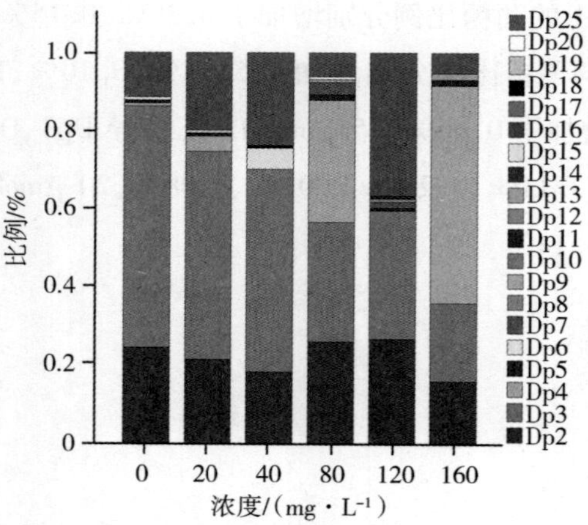
比例/%
1.0
0.8
0.6
0.4
0.2
0
0
20
40
80
120
160
浓度/(mg·L⁻¹)
Dp25
Dp20
Dp19
Dp18
Dp17
Dp16
Dp15
Dp14
Dp13
Dp12
Dp11
Dp10
Dp9
Dp8
Dp7
Dp6
Dp5
Dp4
Dp3
Dp2

KJT

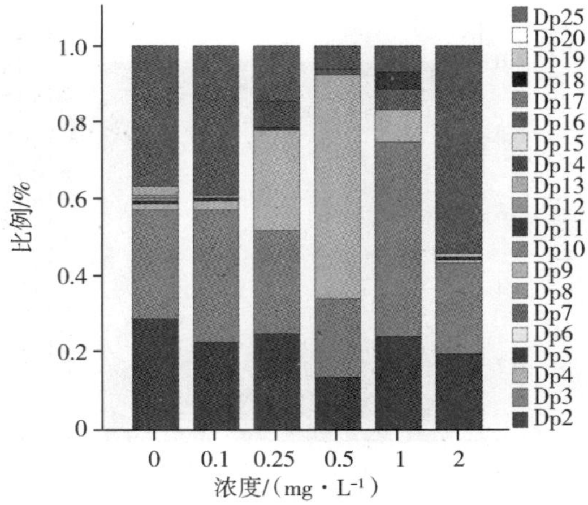
1.0
0.8
0.6
0.4
0.2
0
比例/%
0 0.1 0.25 0.5 1 2
浓度/（mg・L-1）
Dp25
Dp20
Dp19
Dp18
Dp17
Dp16
Dp15
Dp14
Dp13
Dp12
Dp11
Dp10
Dp9
Dp8
Dp7
Dp6
Dp5
Dp4
Dp3
Dp2

YE

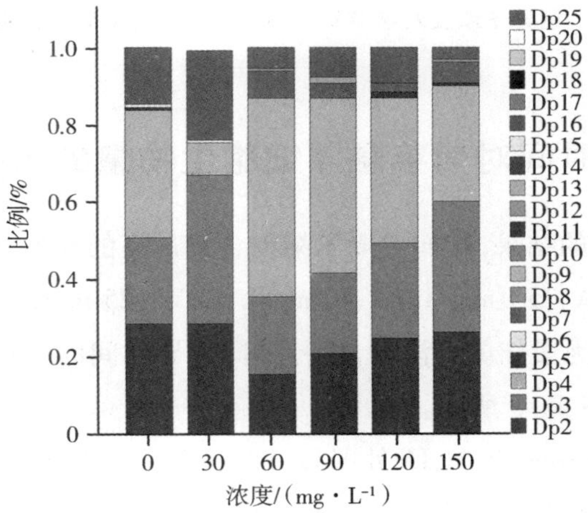
1.0
0.8
0.6
0.4
0.2
0
比例/%
0 30 60 90 120 150
浓度/（mg・L-1）
Dp25
Dp20
Dp19
Dp18
Dp17
Dp16
Dp15
Dp14
Dp13
Dp12
Dp11
Dp10
Dp9
Dp8
Dp7
Dp6
Dp5
Dp4
Dp3
Dp2

Tv

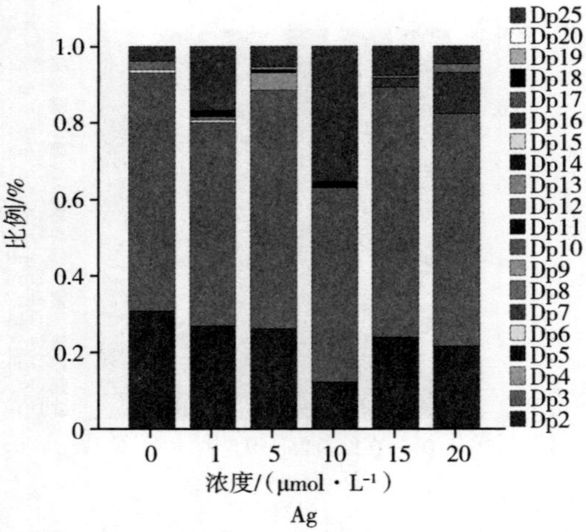

图 4-4　诱导子浓度对菊芋悬浮细胞中低聚合度菊糖含量的影响

4.2.3　诱导时间对菊芋悬浮细胞生物量的影响

根据图 4-2 的结果,我们选取了菊糖含量最高的 6 种诱导子的处理浓度(250 μmol/L MeJA、75 μmol/L SA、40 mg/L KJT、0.25 mg/L YE、90 mg/L Tv 和 10 μmol/L Ag)作为最佳诱导浓度,进行不同诱导时间的处理。诱导后菊芋悬浮细胞的干重如图 4-5 所示。

由图可知,250 μmol/L MeJA 处理 12 d 时获得最大的细胞干重,为(0.600 2 ± 0.001 0) g。75 μmol/L SA 处理中最大的细胞干重[(0.971 3 ± 0.002 9) g]出现在诱导 6 d 时。40 mg/L KJT 处理后最大的细胞干重为(1.062 8 ± 0.000 6) g,处理 15 d。0.25 mg/L YE 处理后最大细胞干重出现在 9 d,为(1.042 7 ± 0.002 9) g。90 mg/L Tv 处理后细胞干重的变化趋势与 40 mg/L KJT 相类似,最大的细胞干重出现在 12 d,为(0.852 8 ± 0.001 7) g。10 μmol/L Ag 处理后最大细胞干重为(0.965 0 ± 0.001 8) g,为处理 15 d。

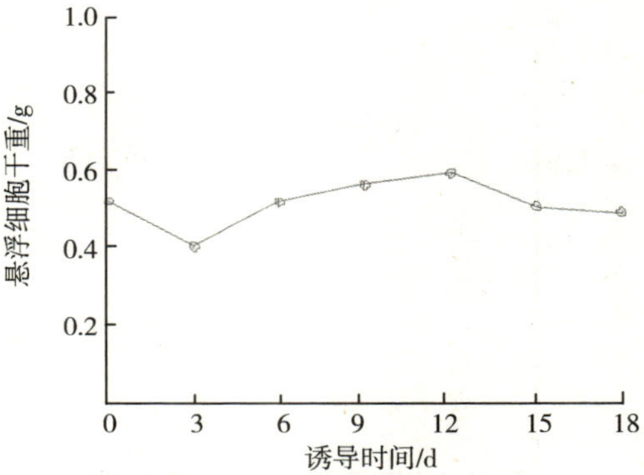

a.MeJA

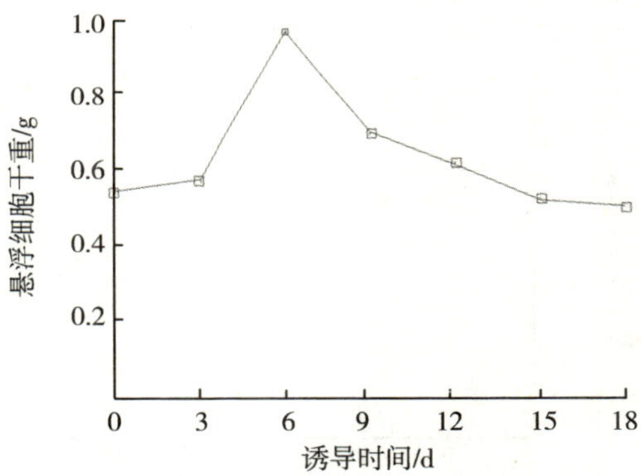

b.SA

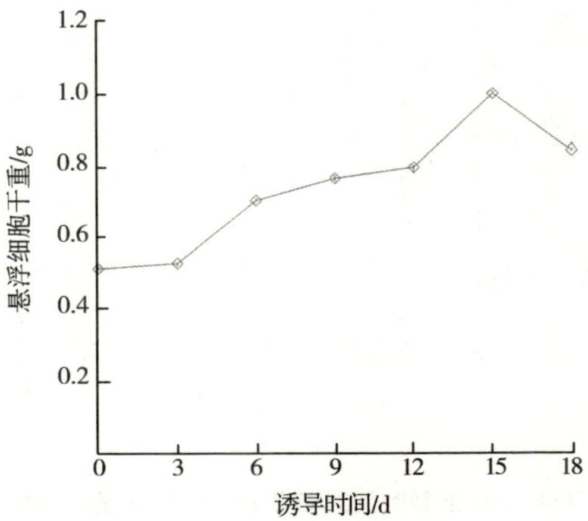

c.KJT

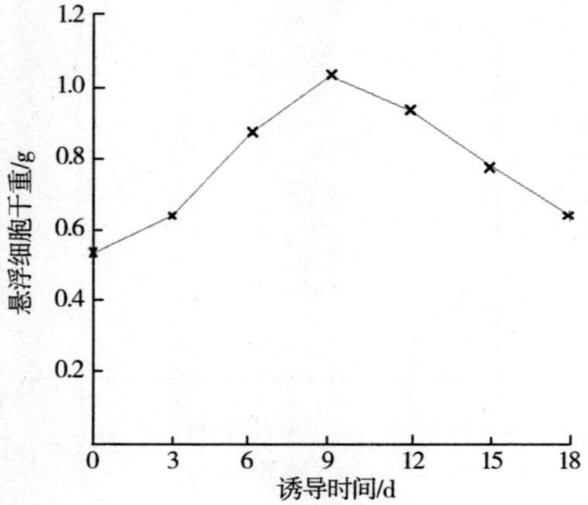

d.YE

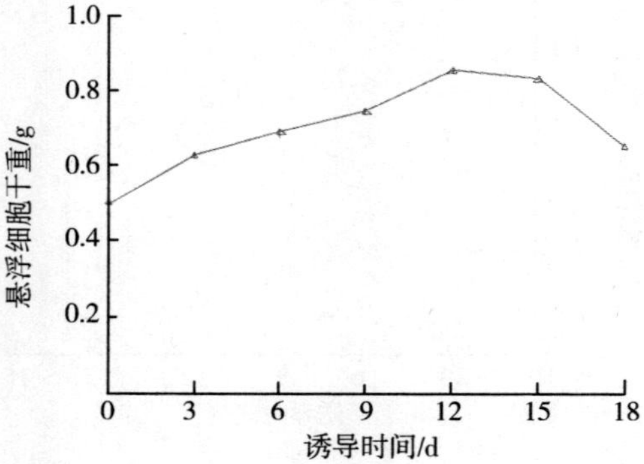

e.Tv

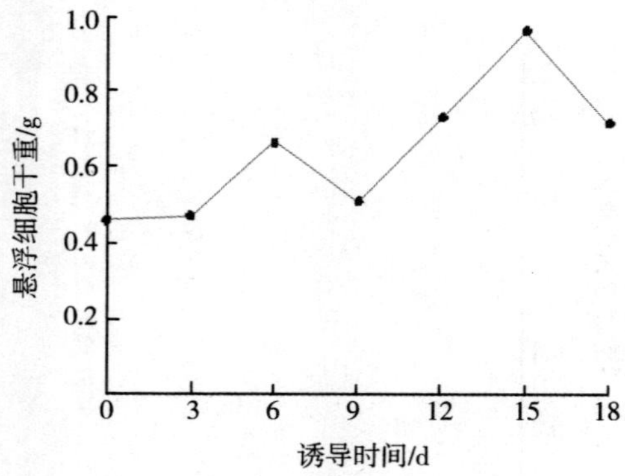

f.Ag

图 4-5　诱导时间对菊芋悬浮细胞干重的影响

4.2.4 诱导时间对菊芋悬浮细胞中菊糖含量、产量及聚合度的影响

6 种诱导子最佳浓度下不同诱导时间处理的菊芋悬浮细胞菊糖含量如图 4－6所示。从图中可以看出，250 μmol/L MeJA 处理3 d，菊糖含量即增加约1.5倍，随着处理时间的延长，菊糖含量增加缓慢，在第 15 天达到最高[(69.83 ± 0.34) mg/g]。75 μmol/L SA 处理的细胞中，第 3 天获得菊糖含量最高，为(52.68 ±0.16) mg/g，但6 d之后的处理使得菊糖含量降低到未诱导对照的含量之下。40 mg/L KJT 处理15 d的样品中菊糖含量低于未诱导对照，9 d、12 d、18 d的处理均可增加菊糖含量，其中处理9 d的细胞中获得最高的菊糖含量，为(50.21 ±0.14) mg/g。0.25 mg/L YE 处理的悬浮细胞中菊糖含量在第9天达到最高值，为(52.96 ± 1.63) mg/g，其他处理时间下均低于未诱导对照。90 mg/L Tv 处理的悬浮细胞在第 6 天表现出最高的菊糖含量，为(51.22 ± 0.21) mg/g，其余处理时间下菊糖含量均低于未诱导对照。10 μmol/L Ag 的处理在第3 天获得了最高的菊糖含量[(45.40 ±0.23) mg/g]，随着处理时间的延长，菊糖含量越来越低，甚至达到对照的1/25。6 种诱导子最佳浓度下不同处理时间对菊糖含量的诱导效果依次为：MeJA(250 μmol/L) 15 d > YE (0.25 mg/L)9 d = SA(75 μmol/L)3 d > Tv(90 mg/L)6 d > KJT(40 mg/L) 9 d > Ag(10 μmol/L)3 d。

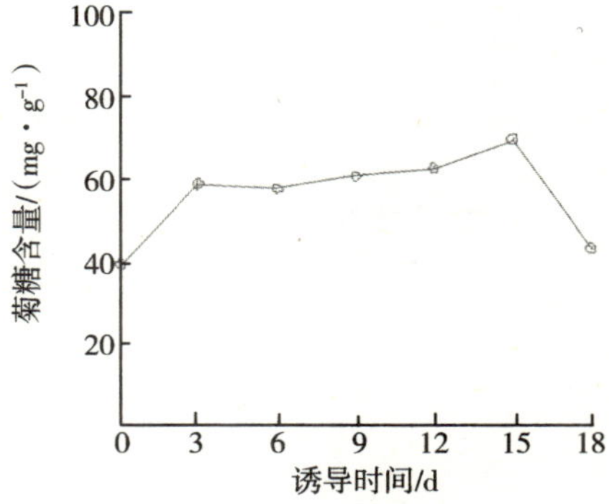

a.MeJA

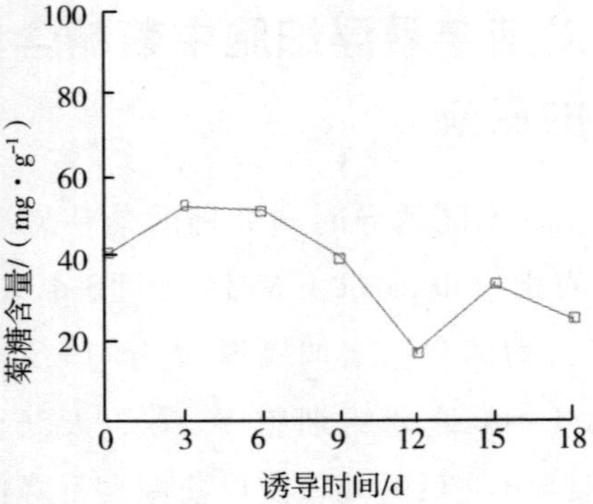
100
80
60
40
20
菊糖含量/（mg·g-1）
0
3
6
9
12
15
18
诱导时间/d
b.SA

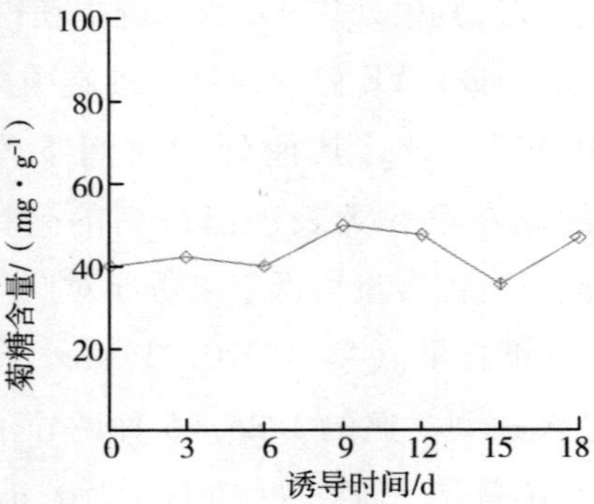
100
80
60
40
20
菊糖含量/（mg·g-1）
0
3
6
9
12
15
18
诱导时间/d
c.KJT

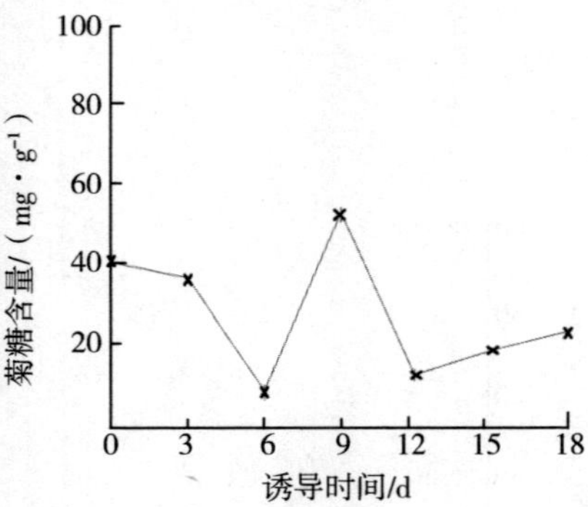
100
80
60
40
20
菊糖含量/（mg·g-1）
0
3
6
9
12
15
18
诱导时间/d
d.YE

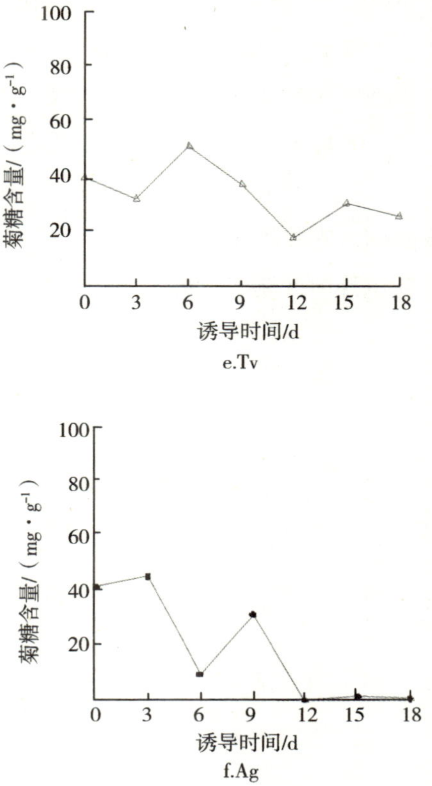

图 4－6　诱导时间对菊芋悬浮细胞中菊糖含量的影响

由图 4－5 和图 4－6 可知，6 种诱导子不同时间处理后菊芋悬浮细胞的干重和菊糖含量均得到显著提高。为进一步评估诱导时间对菊芋悬浮细胞中菊糖的影响，根据菊糖产量＝细胞干重×菊糖含量的公式计算出诱导子不同时间处理后菊芋悬浮细胞中菊糖的产量，结果如图 4－7 所示。

由图可知，250 μmol/L MeJA 不同时间处理均提高了菊芋悬浮细胞中菊糖的产量，处理12 d的细胞中最高产量为（0.376 5 ±0.001 3） mg/mL，为未诱导对照［（0.208 9 ±0.000 7） mg/mL］的 1.80 倍。75 μmol/L SA 处理 3 ~9 d 提高了菊糖产量，而后随时间增加产量降低，最高产量出现在处理 6 d 的细胞中，为（0.501 0 ±0.000 3） mg/mL，是未诱导对照［（0.226 3 ±0.001 6） mg/mL］的 2.21倍。40 mg/L KJT 的不同时间处理中，菊糖产量随时间的增加而增加，第 18 天时产量最高，为（0.419 3 ±0.002 0） mg/mL，为未诱导对照［（0.211 0 ±

0.000 4) mg/mL]的 1.99 倍。0.25 mg/L YE 不同时间处理后仅第 9 天的菊糖产量增加最为显著,达(0.552 2 ±0.017 0) mg/mL,为未诱导对照[(0.224 6 ±0.004 5) mg/mL]的 2.46 倍。90 mg/L Tv 处理后在第 6 天获得了最高的菊糖产量,为(0.353 6 ± 0.001 5) mg/mL,为未诱导对照[(0.200 0 ±0.001 0) mg/mL]的 1.77 倍。10 μmol/L Ag 处理 3 d 时菊糖产量最高,为(0.209 2 ±0.001 0) mg/mL,是未诱导对照[(0.191 7 ±0.000 5) mg/mL]的 1.09 倍,之后菊糖产量随诱导时间延长而降低。

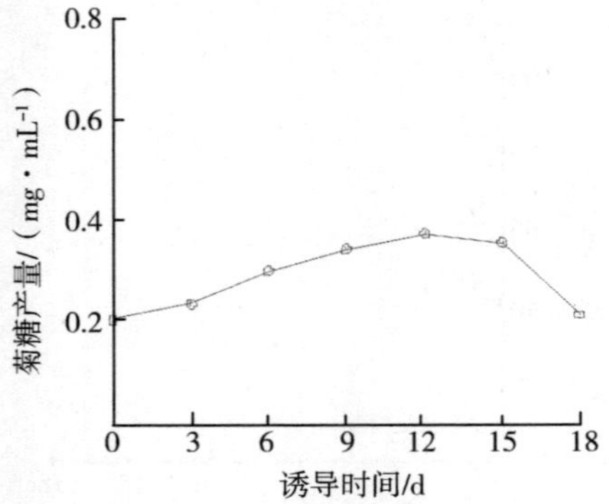

a.MeJA

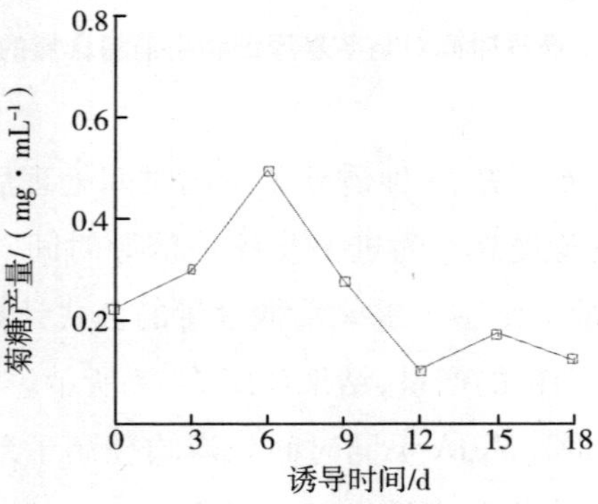

b.SA

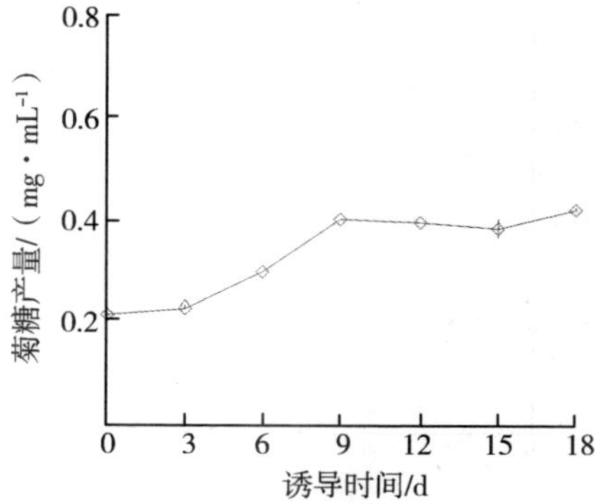
0.8
0.6
0.4
0.2
菊糖产量/（mg·mL-1）
0
3
6
9
12
15
18
诱导时间/d

c.KJT

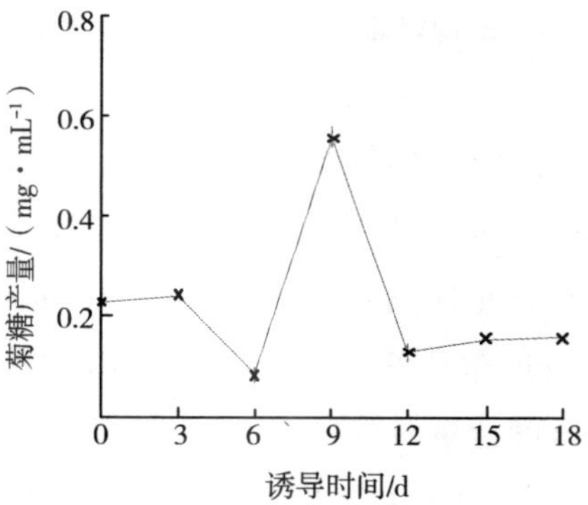
0.8
0.6
0.4
0.2
菊糖产量/（mg·mL-1）
0
3
6
9
12
15
18
诱导时间/d

d.YE

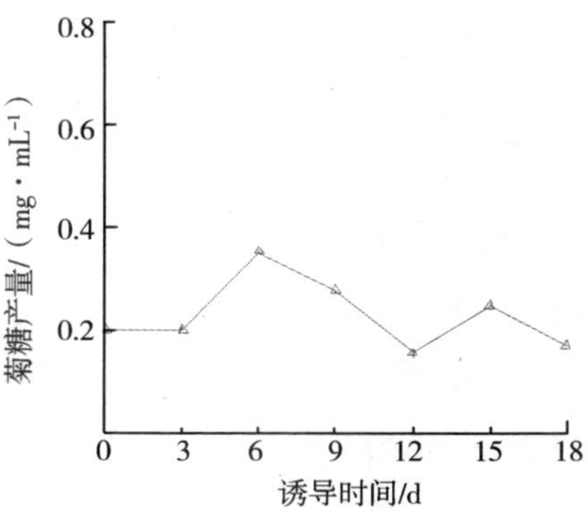
0.8
0.6
0.4
0.2
菊糖产量/（mg·mL-1）
0
3
6
9
12
15
18
诱导时间/d

e.Tv

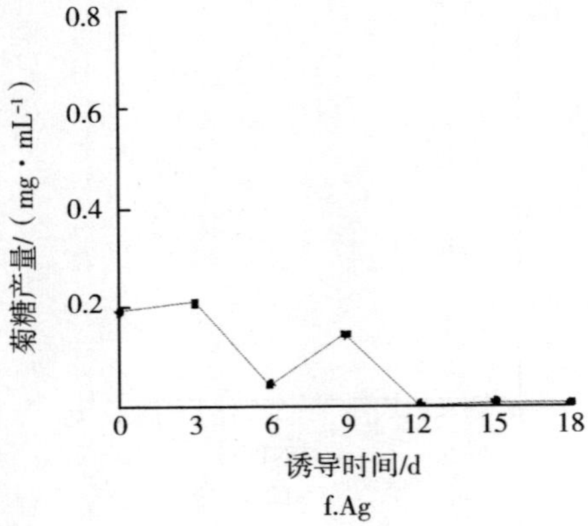

图 4-7　诱导时间对菊芋悬浮细胞中菊糖产量的影响

6 种诱导子最佳浓度下不同诱导时间处理的菊芋悬浮细胞菊糖聚合度见表 4-3、图 4-8。250 μmol/L MeJA 处理 15 d(菊糖含量最高时)对于菊糖聚合度无显著影响,在 12 d(菊糖含量次高)时保留时间 <10 min 的聚合度显著降低,而对保留时间 20 ~40 min 的聚合度显著提高。75 μmol/L SA 处理 3 d 或 6 d,保留时间 <10 min 的聚合度含量显著降低,其他保留时间的聚合度均有显著变化,尤其是处理 6 d 时,保留时间 10 ~20 min 的聚合度提高显著[所占比例为(24.15 ±0.28)%,未诱导对照为(3.59 ±0.14)%]。40 mg/L KJT 处理 9 d、0.25 mg/L YE 处理 9 d 及 10 μmol/L Ag 处理 3 d 的菊芋悬浮细胞中,保留时间 <10 min 的聚合度几乎为相同的增加倍数(约 1.05 倍),所占比例分别为(98.48 ±0.25)%[未诱导对照(93.75 ±0.68)%]、(91.70 ±0.75)%[未诱导对照(86.90 ±0.58)%]、(95.33 ±0.10)%[未诱导对照(92.00 ±0.77)%]。而 90 mg/L Tv 处理 6 d 对聚合度没有显著影响。6 种诱导子最佳浓度下不同诱导处理时间对保留时间 <10 min 的聚合度的影响依次为:MeJA(250 μmol/L) 6 d > YE(0.25 mg/L)12 d > SA(75 μmol/L)12 d > Ag(10 μmol/L)18 d > Tv(90 mg/L)3 d = KJT(40 mg/L)9 d。

为进一步评估诱导时间对菊芋悬浮细胞中低聚合度菊糖比例的影响,对低聚合度菊糖中不同聚合度菊糖的比例进行了分析(见图 4-8)。250 μmol/L MeJA 处理 6 d 对低聚合度菊糖比例诱导效果相比于未诱导对照增加显著,Dp2 ~6的菊糖比例分别增加了 1.83%、3.32%、5.45%、4.03%、7.23%;诱导处理 15 d 时 Dp4 的菊糖比例增加了 11.16%。75 μmol/L SA 处理 6 d 时 Dp6 的菊糖比例增加了 5.03%；处理 12～18 d 时 Dp2、Dp3、Dp5、Dp6、Dp7、Dp9、Dp11、Dp12、Dp13 的菊糖比例显著增加，分别增加了 13.20%、34.62%、0.71%、0.82%、1.47%、1.29%、0.72%、1.68%、2.97%。40 mg/L KJT 处理 9 d 时 Dp4、Dp5、Dp6、Dp7、Dp10 的菊糖比例分别增加了 31.62%、0.57%、0.10%、3.02%、0.10%，处理 15 d 时 Dp7 的菊糖比例增加了12.96%。0.25 mg/L YE 处理 12 d 时 Dp4、Dp13 的菊糖比例分别增加了 21.23%、0.77%，处理 15 d 时 Dp3、Dp5、Dp7、Dp12 的菊糖比例分别增加了 23.39%、3.48%、2.64%、0.97%。90 mg/L Tv 处理 3 d 时 Dp4 和 Dp7 的菊糖比例显著增加了 17.78%、13.53%；处理 9 d 时 Dp3、Dp5 的菊糖比例增加，分别为49.75%、0.22%。10 μmol/L Ag 处理 9 d 时 Dp4、Dp11 的菊糖比例增加了18.46%、1.61%，处理 18 d 时 Dp3 的菊糖比例增加了 39.12%。

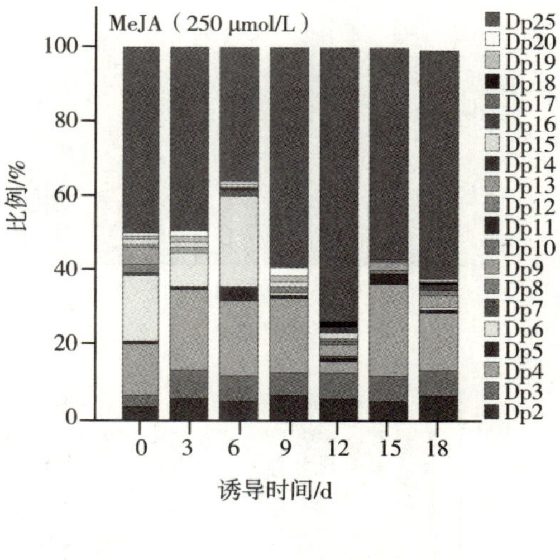

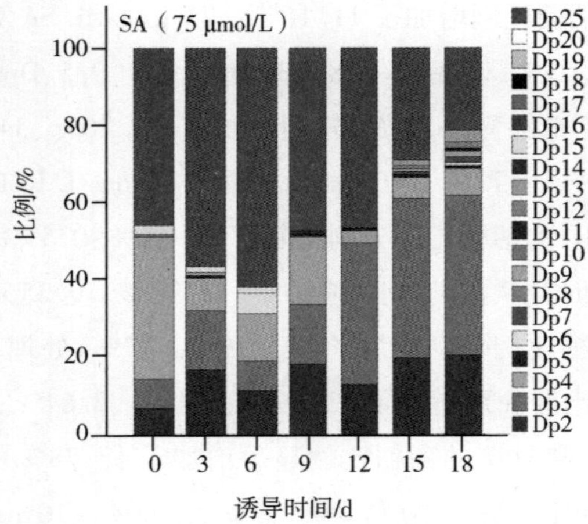
SA（75 μmol/L）
比例/%
0
20
40
60
80
100
0 3 6 9 12 15 18
诱导时间/d
Dp25
Dp20
Dp19
Dp18
Dp17
Dp16
Dp15
Dp14
Dp13
Dp12
Dp11
Dp10
Dp9
Dp8
Dp7
Dp6
Dp5
Dp4
Dp3
Dp2

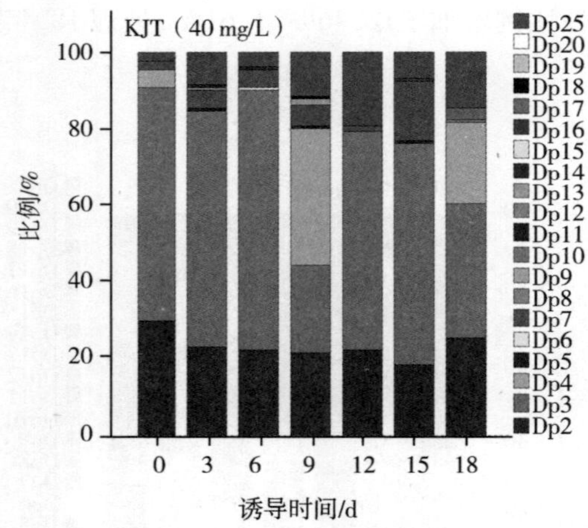
KJT（40 mg/L）
比例/%
0
20
40
60
80
100
0 3 6 9 12 15 18
诱导时间/d
Dp25
Dp20
Dp19
Dp18
Dp17
Dp16
Dp15
Dp14
Dp13
Dp12
Dp11
Dp10
Dp9
Dp8
Dp7
Dp6
Dp5
Dp4
Dp3
Dp2

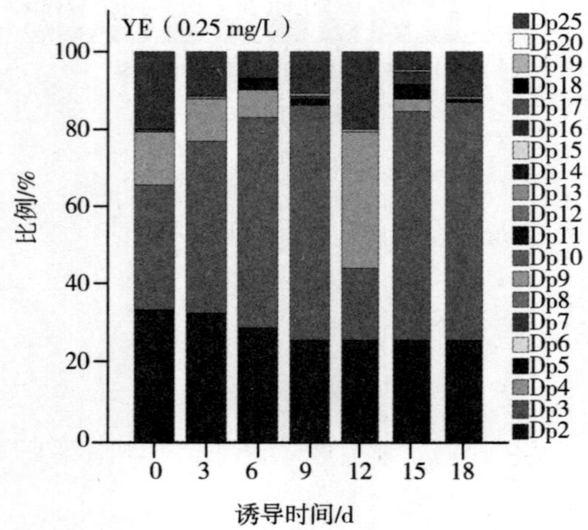
YE（0.25 mg/L）
比例/%
0
20
40
60
80
100
0 3 6 9 12 15 18
诱导时间/d
Dp25
Dp20
Dp19
Dp18
Dp17
Dp16
Dp15
Dp14
Dp13
Dp12
Dp11
Dp10
Dp9
Dp8
Dp7
Dp6
Dp5
Dp4
Dp3
Dp2

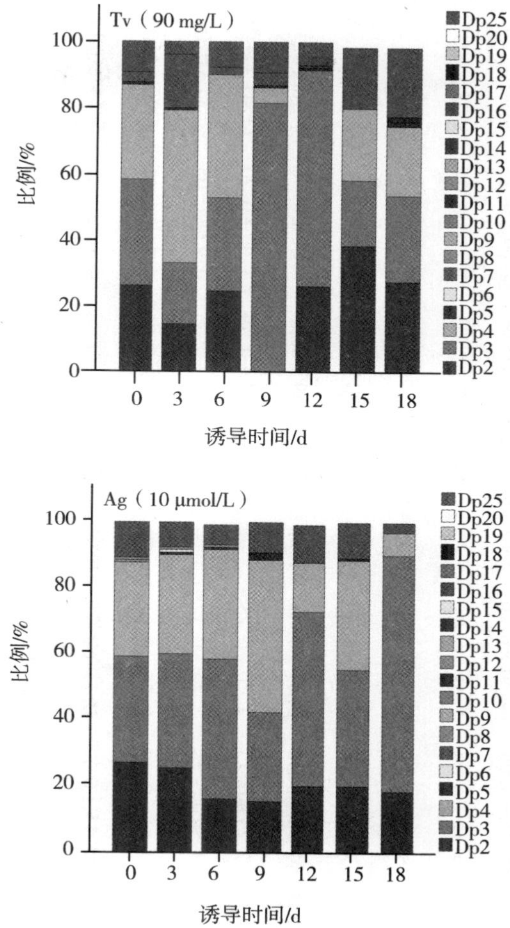

图4－8　诱导时间对菊芋悬浮细胞中低聚合度菊糖比例的影响

结合菊芋悬浮细胞中菊糖含量及其中低聚合度菊糖比例，确定了6种诱导子的最佳处理浓度和时间为：MeJA（250 μmol/L）6 d、SA（75 μmol/L）3 d、KJT（40 mg/L）6 d、YE（0.25 mg/L）12 d、Tv（90 mg/L）3 d、Ag（10 μmol/L）9 d。

表 4-3　诱导时间对菊芋悬浮细胞中菊糖聚合度的影响

诱导子	诱导时间/d	各聚合度区段所占比例/%						
		<10 min	10 ~ 20 min	20 ~ 30 min	30 ~ 40 min	40 ~ 50 min	50 ~ 60 min	>60 min
MeJA/(250 μmol · L^{-1})	0	70.22 ±0.10	6.29 ±0.05	3.51 ±0.03	1.99 ±0.06	4.59 ±0.24	6.80 ±0.40	6.61 ±0.05
	3	61.19 ±0.13	5.23 ±0.09	10.80 ±0.20	2.97 ±0.21	4.91 ±0.04	3.06 ±0.06	11.85 ±0.07
	6	80.42 ±0.11	2.18 ±0.03	2.93 ±0.05	2.67 ±0.11	2.28 ±0.04	2.73 ±0.04	6.78 ±0.33
	9	42.99 ±0.55	5.66 ±0.30	10.58 ±0.05	3.23 ±0.03	11.17 ±1.06	11.48 ±0.21	14.89 ±0.25
	12	49.39 ±0.92	7.57 ±0.14	22.45 ±0.11	10.75 ±0.22	4.34 ±0.20	2.69 ±0.36	2.81 ±0.36
	15	71.78 ±0.43	4.90 ±0.30	6.89 ±0.66	1.26 ±0.02	3.39 ±0.06	1.82 ±0.06	9.96 ±0.32
	18	60.58 ±0.74	7.25 ±0.13	3.20 ±0.25	2.78 ±0.24	7.83 ±0.49	3.96 ±0.20	14.41 ±0.18
SA/(75 μmol · L^{-1})	0	78.37 ±0.35	3.59 ±0.14	8.44 ±0.12	3.60 ±0.06	1.73 ±0.05	0.92 ±0.05	3.34 ±0.08
	3	58.78 ±0.33	9.25 ±0.02	0.26 ±0.01	9.23 ±0.11	6.79 ±0.06	6.74 ±0.11	8.96 ±0.09
	6	52.95 ±0.08	24.15 ±0.28	0.17 ±0.01	6.91 ±0.59	5.82 ±0.28	4.46 ±0.21	5.54 ±0.11
	9	59.90 ±0.60	7.21 ±0.05	5.63 ±0.09	9.17 ±0.24	9.13 ±0.39	0.14 ±0.01	8.82 ±0.40
	12	86.01 ±0.42	3.89 ±0.46	0.06 ±0.01	3.20 ±0.30	2.55 ±0.03	4.23 ±0.22	0.06 ±0.01
	15	79.79 ±0.34	4.85 ±0.20	0.34 ±0.01	5.23 ±0.03	2.93 ±0.06	6.73 ±0.15	0.13 ±0.01
	18	74.61 ±0.16	7.91 ±0.57	1.18 ±0.03	6.42 ±0.10	3.47 ±0.07	6.32 ±0.02	0.09 ±0.01

续表

诱导子	诱导时间/d	各聚合度区段所占比例/%						
		<10 min	10~20 min	20~30 min	30~40 min	40~50 min	50~60 min	>60 min
KJT/(40 mg·L⁻¹)	0	93.75 ±0.68	1.55 ±0.23	n. a.	4.52 ±0.31	0.17 ±0.02	n. a.	n. a.
	3	94.92 ±0.30	1.46 ±0.07	n. a.	3.40 ±0.20	0.22 ±0.01	n. a.	n. a.
	6	96.49 ±0.72	1.19 ±0.04	0.04 ±0.01	2.28 ±0.03	n. a.	n. a.	n. a.
	9	98.48 ±0.25	1.19 ±0.02	n. a.	n. a.	0.32 ±0.01	n. a.	n. a.
	12	92.45 ±0.22	1.58 ±0.05	0.05 ±0.02	5.49 ±0.28	0.43 ±0.10	n. a.	n. a.
	15	97.09 ±0.77	0.20 ±0.01	n. a.	2.70 ±0.30	n. a.	n. a.	n. a.
	18	87.21 ±0.65	2.22 ±0.20	0.09 ±0.01	10.46 ±0.14	0.02 ±0.01	n. a.	n. a.
YE/(0.25 mg·L⁻¹)	0	86.90 ±0.58	3.28 ±0.02	n. a.	8.29 ±0.14	1.53 ±0.11	n. a.	n. a.
	3	93.22 ±0.68	3.56 ±0.22	n. a.	1.91 ±0.05	1.31 ±0.03	n. a.	n. a.
	6	96.55 ±0.99	1.26 ±0.05	n. a.	1.28 ±0.06	0.91 ±0.03	n. a.	n. a.
	9	91.70 ±0.75	2.03 ±0.38	n. a.	2.25 ±0.09	3.90 ±0.50	0.11 ±0.01	n. a.
	12	97.09 ±0.12	1.31 ±0.11	n. a.	0.75 ±0.21	0.84 ±0.17	n. a.	n. a.
	15	96.28 ±0.94	1.96 ±0.03	n. a.	0.84 ±0.01	0.92 ±0.03	n. a.	n. a.
	18	96.34 ±1.00	1.35 ±0.14	n. a.	1.14 ±0.01	1.17 ±0.01	n. a.	n. a.

续表

诱导子	诱导时间 d	各聚合度区段所占比例/%						
		<10 min	10 ~ 20 min	20 ~ 30 min	30 ~ 40 min	40 ~ 50 min	50 ~ 60 min	>60 min
Tv/ (90 mg · L^{-1})	0	93.29 ± 0.86	1.32 ± 0.01	n. a.	5.38 ± 0.06	n. a.	n. a.	n. a.
	3	98.91 ± 0.70	0.45 ± 0.13	n. a.	0.64 ± 0.03	n. a.	n. a.	n. a.
	6	93.12 ± 0.88	2.09 ± 0.06	n. a.	4.79 ± 0.54	n. a.	n. a.	n. a.
	9	92.61 ± 1.38	2.09 ± 0.06	0.07 ± 0.02	4.36 ± 0.15	0.85 ± 0.06	0.01 ± 0.00	0.01 ± 0.00
	12	98.64 ± 1.34	1.36 ± 0.02	n. a.	n. a.	n. a.	n. a.	n. a.
	15	91.94 ± 1.71	2.95 ± 0.02	0.20 ± 0.10	4.92 ± 0.71	n. a.	n. a.	n. a.
	18	93.06 ± 0.16	2.69 ± 0.04	0.09 ± 0.01	4.16 ± 0.05	n. a.	n. a.	n. a.
Ag/ (10 μmol · L^{-1})	0	92.00 ± 0.77	0.84 ± 0.03	n. a.	7.16 ± 0.16	n. a.	n. a.	n. a.
	3	95.33 ± 0.10	1.35 ± 0.01	n. a.	3.31 ± 0.33	n. a.	n. a.	n. a.
	6	95.25 ± 1.20	0.29 ± 0.02	n. a.	4.47 ± 0.26	n. a.	n. a.	n. a.
	9	90.69 ± 0.30	1.77 ± 0.10	n. a.	7.54 ± 0.08	n. a.	n. a.	n. a.
	12	94.69 ± 2.26	0.37 ± 0.05	n. a.	4.93 ± 0.18	n. a.	n. a.	n. a.
	15	93.70 ± 2.27	n. a.	n. a.	5.76 ± 0.44	0.54 ± 0.03	n. a.	n. a.
	18	99.09 ± 0.33	0.11 ± 0.01	n. a.	0.69 ± 0.03	0.12 ± 0.03	n. a.	n. a.

注:n. a. 表示未检测到。

4.3 讨论

有报道称影响细胞生物量和生物活性物质的主要因素有诱导子特异性、诱导子浓度、诱导时间及诱导处理时细胞的发育阶段等。本章选用了 6 种诱导子(包括 5 种生物诱导子和 1 种非生物诱导子)在对数生长期对菊芋悬浮细胞进行诱导处理,分析了 6 种诱导子不同浓度和不同诱导时间对菊芋悬浮细胞中菊糖含量和产量的影响,评估其生产菊糖的潜力,同时考虑到菊糖的具体应用,分析了 6 种诱导子不同浓度和不同诱导时间处理后菊芋悬浮细胞中低聚合度菊糖的比例。

根据菊芋悬浮细胞生长曲线,在继代后第 4 天添加 6 种不同浓度的诱导子。HPLC 测定结果表明,MeJA 处理的 8 个浓度梯度中,250 μmol/L 诱导效果最显著,含量达到了(98.51 ±0.65) mg/g[未诱导对照为(40.58 ±0.02) mg/g],其他 5 种诱导子处理的结果分别为 75 μmol/L SA 为(77.73 ±0.53) mg/g[未诱导对照为(40.22 ±0.15) mg/g]、40 mg/L KJT 为(74.38 ±0.35) mg/g[未诱导对照为(42.19 ±0.10) mg/g]、0.25 mg/L YE为(48.84 ±0.32) mg/g[未诱导对照为(41.51 ±0.07) mg/g]、90 mg/L Tv 为(57.62 ±0.51) mg/g[未诱导对照为(40.12 ±0.07) mg/g]、10 μmol/L Ag 为(83.71 ±0.69) mg/g[未诱导对照为(40.92 ±0.14) mg/g]。根据聚糖产量 = 细胞干重 × 菊糖含量的公式计算出诱导子不同浓度处理后菊芋悬浮细胞中菊糖产量均有所增加。6 种诱导子诱导处理后均显著增加了悬浮细胞中菊糖的产量,这与有关 MeJA、SA、KJT、YE 及 Ag 等诱导子处理后显著增加悬浮细胞中植物次生代谢产物产量的报道相一致。而本研究中第一次使用 Tv 作为生物诱导子诱导菊芋悬浮细胞中菊糖的生产,结果显示,Tv 具有诱导增加菊芋菊糖含量的作用。这一结果与报道的黑曲霉增加细胞中菊粉酶活性及细胞次生代谢产物含量的结果相类似。据此确定了每种诱导子诱导处理的最佳浓度。在此基础上对 6 种诱导子在最佳浓度下处理0 ~ 18 d 的悬浮细胞菊糖含量、产量进行了测定,确定了每种诱导子的最佳处理时间。

有报道称低聚合度的菊糖具有作为益生元和保健食品应用的潜力。为了评估诱导子诱导处理后菊芋悬浮细胞中菊糖聚合度是否发生改变,分析了 6 种诱导子不同浓度及不同诱导时间处理下菊芋悬浮细胞中菊糖的聚合度。结果显示,保留时间 <10 min 的聚合度都有所增加:MeJA 处理是对照的 1.15 倍[处理为(80.42 ±0.11)%,对照为(70.22 ±0.10)%]、SA 处理是对照的 1.10 倍[处理为(86.01 ±0.42)%,对照为(78.37 ±0.35)%]、KJT 处理是对照的 1.05 倍[处理为(98.48 ±0.25)%,对照为(93.75 ±0.68)%]、YE 处理是对照的 1.12倍[处理为(97.09 ±0.12)%,对照为(86.90 ±0.58)%]、Tv 处理是对照的 1.06 倍[处理为(98.91 ±0.70)%,对照为(93.29 ±0.86)%]、Ag 处理是对照的 1.08 倍[处理为(99.09 ±0.33)%,对照为(92.00 ±0.77)%]。这一结果说明诱导子的诱导处理可以不同程度地改变菊糖聚合度的分布,使得诱导子诱导处理制备低聚果糖的技术成为可能。进一步对低聚合度菊糖中不同聚合度菊糖的比例进行分析,结果表明,MeJA 诱导处理显著增加了 Dp2 ~6 低聚合度菊糖的比例,SA 诱导处理显著增加了 Dp2 ~13 低聚合度菊糖的比例,KJT 诱导处理显著增加了 Dp2 ~7 低聚合度菊糖的比例,YE、Tv 和 Ag 诱导处理显著增加了 Dp3 ~12 低聚合度菊糖的比例。

4.4 本章小结

诱导子浓度对菊芋悬浮细胞中菊糖影响的研究中,6 种诱导子 MeJA (100 μmol/L)、SA (100 μmol/L)、KJT (40 mg/L)、YE (0.5 mg/L)、Tv (90 mg/L)、Ag(5 μmol/L)诱导处理时获得了最大的悬浮细胞生物量;在 MeJA (250 μmol/L)、Ag(10 μmol/L)、SA(75 μmol/L)、KJT(40 mg/L)、Tv(90 mg/L)及 YE(0.25 mg/L)处理后获得了最高的菊糖含量,分别是未诱导对照的 2.43 倍、2.05 倍、1.93 倍、1.76倍、1.44 倍、1.18 倍;相应处理的细胞中菊糖产量分别是未诱导对照的 3.09 倍、4.60 倍、2.26 倍、2.76 倍、2.06 倍、1.41 倍。对低聚合度菊糖的比例进行对比得出:6 种诱导子均显著提高菊芋悬浮细胞中低聚合度菊糖的比例。

在诱导时间对菊芋悬浮细胞中菊糖影响的研究中,MeJA(250 μmol/L)12 d、SA(75 μmol/L)6 d、KJT(40 mg/L)15 d、YE(0.25 mg/L)9 d、Tv(90 mg/L)12 d、Ag(10 μmol/L)15 d 诱导处理时获得了最大的悬浮细胞生物量;菊糖含量最大值分别出现在 MeJA(250 μmol/L)15 d、SA(75 μmol/L)3 d、KJT(40 mg/L)9 d、

YE(0.25 mg/L)9 d、Tv(90 mg/L)6 d、Ag(10 μmol/L)3 d诱导处理的菊芋悬浮细胞中;最高菊糖产量分别出现在 MeJA(250 μmol/L)12 d、SA(75 μmol/L)6 d、KJT(40 mg/L)18 d、YE(0.25 mg/L)9 d、Tv(90 mg/L)6 d、Ag(10 μmol/L)3 d 诱导处理的菊芋悬浮细胞中。对低聚合度菊糖比例进行的对比得出:MeJA(250 μmol/L)处理 6 d 时对 Dp2~6 的菊糖比例诱导显著,其中 Dp6 的菊糖比例增加最显著;SA(75 μmol/L)处理 6 d 时对 Dp6 的菊糖比例诱导显著,诱导处理 12~18 d 时 Dp2~13 的菊糖比例均得到增加;KJT(40 mg/L)处理 9 d 时 Dp4 的菊糖比例增加显著,诱导处理 15 d 时 Dp7 的菊糖比例增加显著。YE(0.25 mg/L)处理 12 d 时 Dp4 的菊糖比例增加显著,诱导处理 15 d 时 Dp3 的菊糖比例增加显著;Tv(90 mg/L)诱导处理 3 d 时 Dp4 和 Dp7 的菊糖比例显著增加,诱导处理 9 d 时 Dp3 的菊糖比例增加显著;Ag(10 μmol/L)处理 9 d 诱导 Dp4 的菊糖比例显著增加,处理 18 d 时诱导 Dp3 的菊糖比例显著增加。

结合菊芋悬浮细胞中菊糖含量及其中低聚合度菊糖含量,确定了 6 种诱导子的最佳处理浓度和时间为:MeJA(250 μmol/L)6 d、SA(75 μmol/L)3 d、KJT(40 mg/L)6 d、YE(0.25 mg/L)12 d、Tv(90 mg/L)3 d、Ag(10 μmol/L)3 d。

第5章

菊芋悬浮细胞中酚类物质的诱导

5.1 材料与方法

5.1.1 材料

6 种诱导子诱导后的菊芋悬浮细胞干物质。

5.1.2 主要试剂

乙腈、甲醇、乙酸等。

5.1.3 主要仪器

HPLC 系统(717 型自动进样器、1525 型高压泵、2420 蒸发光散射检测器)、高效阴离子交换色谱系统、UPLC 系统、LC - MS 系统、色谱柱、旋转蒸发仪、高速冷冻离心机、控温空气浴摇床等。

5.1.4 方法

5.1.4.1 总酚含量测定

采用80%乙醇为提取剂,称取诱导子诱导后的悬浮细胞干粉 0.1 g,按 3.1.4.3(1)的方法提取总酚,利用 3.1.4.3(2)的方法,取待测样品 10 μL,稀释到 1 000 μL,取 300 μL 稀释样品用于福林酚法测定总酚含量,每个样品重复 3 次。总酚含量以 mg GAE/100 g DW 表示。

5.1.4.2 诱导子诱导菊芋悬浮细胞 14 种酚类物质含量测定

(1)LC - MS 法分离

取待测样品,按 3.1.4.4 的方法扫描确定并分离诱导子诱导后菊芋悬浮细胞中待测 14 种酚类物质。

(2)UPLC 法测定

取待测样品,按 3.1.4.5 的方法测定诱导子诱导后菊芋悬浮细胞中待测 14

种酚类物质的含量。

5.1.4.3 抗氧化性测定

(1)FRAP 总还原力

取待测样品 5 μL,稀释到 100 μL,取 30 μL 稀释样品按 3.1.4.3(3)的方法进行 FRAP 测定。总还原力以 mg TE/100 g DW 表示。

(2)DPPH 清除能力

取待测样品 5 μL,稀释到 100 μL,取 30 μL 稀释样品按 3.1.4.3(4)的方法进行 DPPH 测定。自由基清除能力以% 表示。

(3)ABTS 清除能力

取待测样品 5 μL,稀释到 100 μL,取 30 μL 稀释样品按 3.1.4.3(5)的方法进行 ABTS 测定。自由基清除能力以% 表示。

5.1.4.4 数据分析

采用 SPSS 19.0 统计软件,对不同浓度诱导子及不同处理时间的菊芋悬浮细胞中 14 种酚类物质含量分别进行单因素方差分析,结果用"平均数 ± 标准差"表示,单因素方差分析后做多重比较,显著水平为 $P<0.05$。

5.2 结果与分析

5.2.1 诱导子对菊芋悬浮细胞总酚含量的影响

5.2.1.1 诱导子浓度对菊芋悬浮细胞总酚含量的影响

采用福林酚法对 6 种诱导子不同浓度处理的菊芋悬浮细胞的总酚含量进行测定,结果如图 5 - 1 所示。

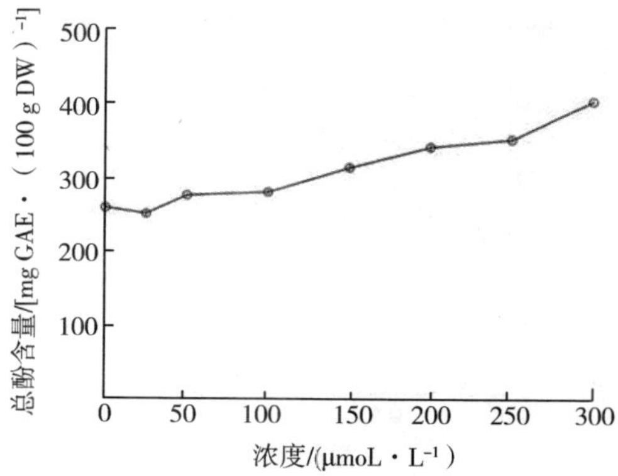

a.MeJA

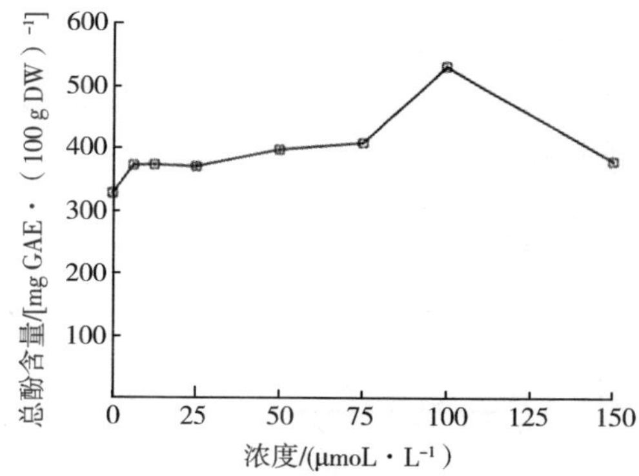

b.SA

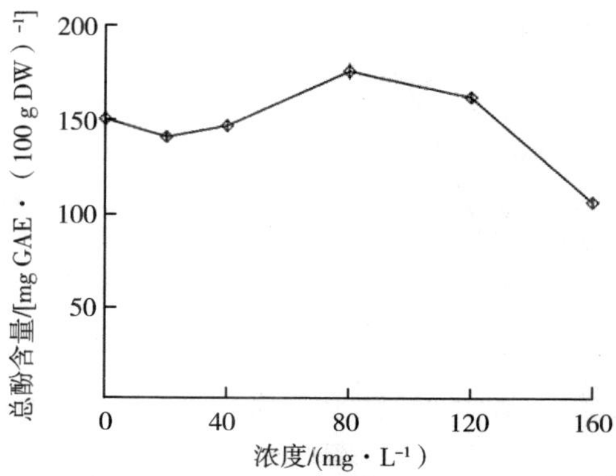

c.KJT

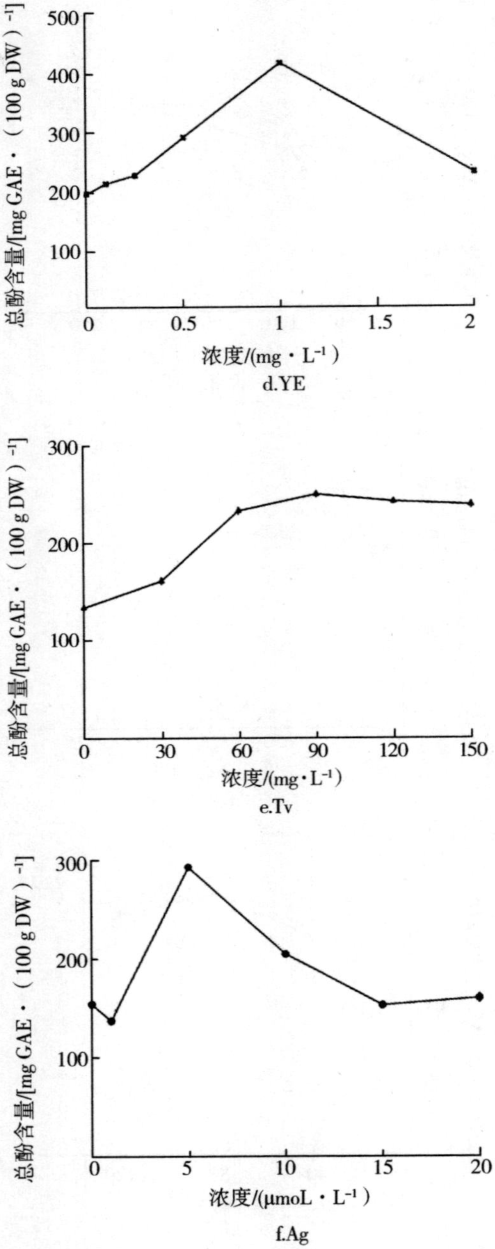

图 5－1　诱导子浓度对菊芋悬浮细胞总酚含量的影响

不同浓度 MeJA 处理对菊芋悬浮细胞中总酚含量均具有显著影响，除

25 μmol/L浓度诱导下总酚含量减小外，其他浓度诱导下总酚含量均显著增加，300 μmol/L 浓度诱导下总酚含量最高，为(404.40 ±1.14) mg GAE/100 g DW[对照为(259.52 ±1.22)mg GAE/100 g DW]。不同浓度SA处理均增加了样品中总酚含量，最高的总酚含量[(534.17 ±1.06) mg GAE/100 g DW]出现在100 μmol/L SA处理的样品中。KJT处理中最高的总酚含量出现在80 mg/L处理的悬浮细胞中，为(175.83 ±1.78) mg GAE/100 g DW[对照为(150.24 ±1.50) mg GAE/100 g DW]。YE的各浓度处理均增加了菊芋悬浮细胞中总酚含量，1 mg/L处理时总酚含量增加最为显著，达(414.29 ±1.33) mg GAE/100 g DW[对照为(193.69 ±1.68) mg GAE/100 g DW]。Tv的处理中随着浓度增加总酚含量亦增加，90 mg/L Tv处理时总酚含量达到最高，为(250.83 ±1.60) mg GAE/100 g DW[对照为(135.36 ±1.20) mg GAE/100 g DW]，而后略有减小。Ag处理的浓度梯度中，5 μmol/L和10 μmol/L Ag的处理对细胞总酚含量具有显著诱导作用，其中5 μmol/L处理时总酚含量最大为(292.50 ±1.00) mg GAE/100 g DW[对照为(153.21 ±1.67) mg GAE/100 g DW]。根据这一结果，不同浓度诱导子对菊芋悬浮细胞总酚含量诱导效果依次为：YE(1 mg/L) > Ag(5 μmol/L) > Tv(90 mg/L) > SA(100 μmol/L) > MeJA(300 μmol/L) > KJT(80 mg/L)。

5.2.1.2　诱导时间对菊芋悬浮细胞总酚含量的影响

根据不同诱导子浓度对菊芋悬浮细胞总酚含量测定的结果，采用福林酚法对6种诱导子最佳浓度下不同诱导时间处理的菊芋悬浮细胞的总酚含量进行测定，结果如图5－2所示。300 μmol/L MeJA处理9～18 d的细胞的总酚含量显著增加，第12天时总酚含量最高，为(552.02 ±1.17) mg GAE/100 g DW[对照为(211.55 ±1.18) mg GAE/100 g DW]。100 μmol/L SA的处理中，0～6 d的细胞中总酚含量逐渐增加，随后减小，第6天时总酚含量最高，为(425.83 ±1.32) mg GAE/100 g DW[对照为(221.67 ±1.82) mg GAE/100 g DW]。80 mg/L KJT的处理中，所有被处理细胞的总酚含量随诱导时间延长而逐渐减小。1 mg/L YE处理的细胞中，0～12 d总酚含量高于对照，且随着处理天数增加总酚含量减少，处理第3天时达到最高值(362.74 ±1.15) mg GAE/100 g DW[对照为(305.60 ±1.24) mg GAE/100 g DW]。90 mg/L Tv和5 μmol/L Ag的处理中总酚含量与 KJT 处理结果相似,均低于对照。根据上述结果,不同诱导子最佳浓度下诱导时间对总酚含量的影响效果依次为:MeJA(300 μmol/L) 12 d > SA(100 μmol/L)6 d > YE (1 mg/L) 3 d。

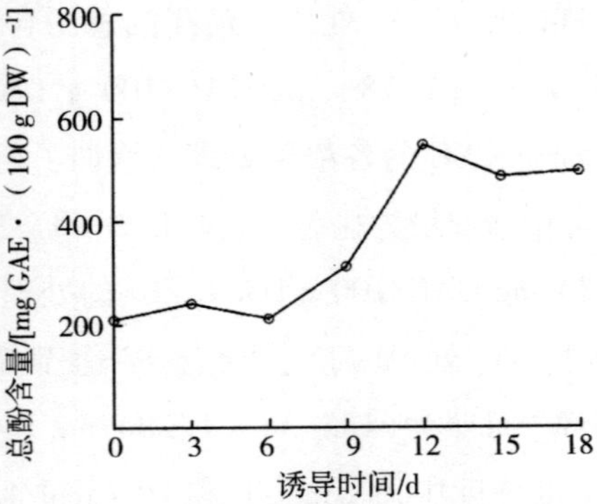

a.MeJA(300 μmol·L^{-1})

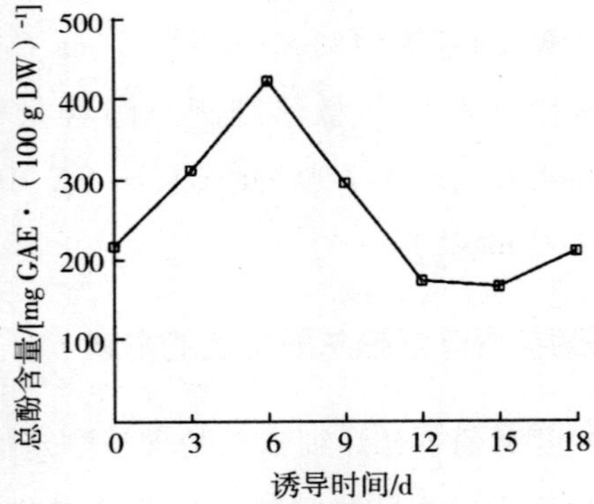

b.SA(100 μmol·L^{-1})

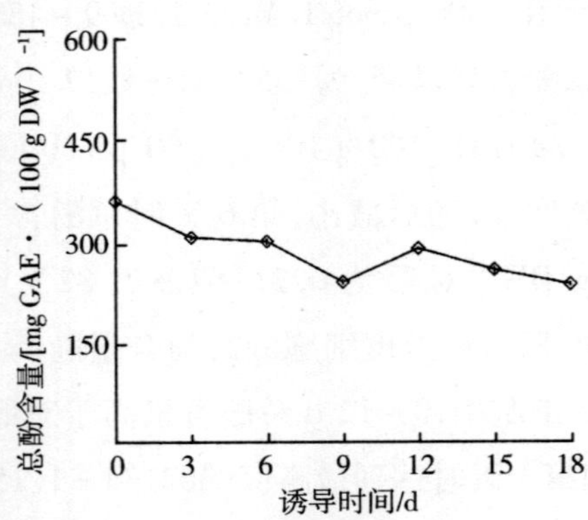

c.KJT(80 mg·L^{-1})

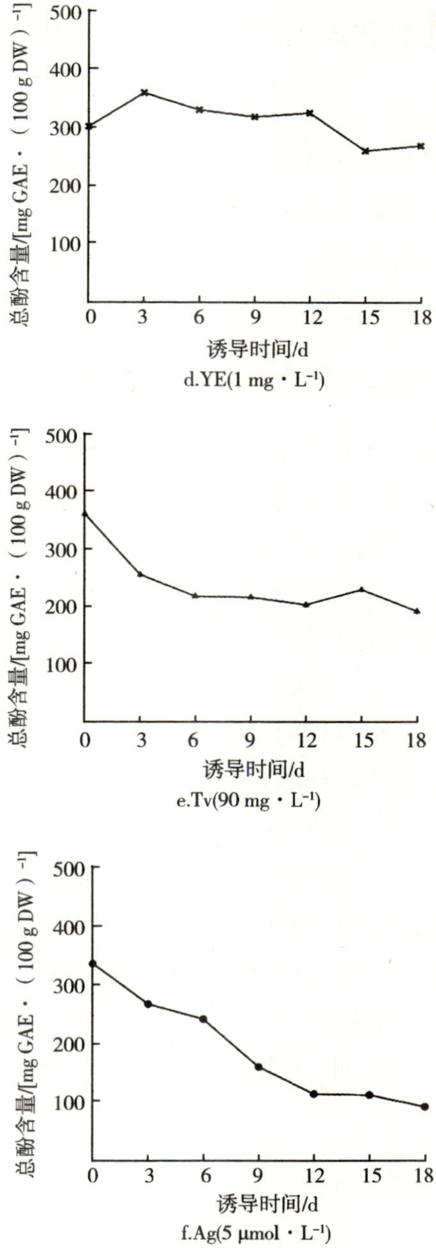

图5-2　诱导时间对菊芋悬浮细胞中总酚含量的影响

5.2.2 诱导浓度对菊芋悬浮细胞中14种酚类物质含量的影响

诱导子的不同浓度和不同诱导时间均改变了菊芋悬浮细胞总酚含量。推测诱导子诱导处理后菊芋悬浮细胞酚类物质的组成发生了改变,因此根据相关文献对菊芋块茎中酚类物质的鉴定结果,选取了14种酚类物质,采用LC-MS法进行分离,并采用UPLC法进行了含量测定。

5.2.2.1 诱导浓度对菊芋悬浮细胞中没食子酸含量的影响

如图5-3所示,MeJA处理中,低浓度可诱导提高没食子酸含量,25 μmol/L及50 μmol/L MeJA处理后没食子酸含量均显著增加,其中50 μmol/L MeJA处理后的细胞中没食子酸含量最高可达(59.34 ±2.50) μg/mL[对照为(49.47 ±2.09) μg/mL]。SA处理中,低浓度有增加没食子酸含量的作用,没食子酸含量在12.5 μmol/L SA处理的细胞中达到最大,为(65.85 ±3.42) μg/mL,为对照的2.50倍。80 mg/L KJT处理后没食子酸含量显著增加,达(68.40 ±2.89) μg/mL[对照为(40.11 ±1.69) μg/mL],随着KJT浓度升高没食子酸含量呈减小趋势。不同浓度YE处理对没食子酸含量均有诱导增加作用,随着YE浓度增加,没食子酸含量先增加后减小,0.5 mg/L YE诱导作用最为显著,没食子酸含量达到(109.02 ±4.44) μg/mL[对照为(14.30 ±0.58) μg/mL]。不同浓度Tv处理均增加了细胞中没食子酸含量,90 mg/L Tv处理的细胞中没食子酸含量达到了(73.00 ±2.97) μg/mL[对照为(40.38 ±0.44) μg/mL]。各浓度Ag均可诱导提高没食子酸的含量,尤其是1 μmol/L的Ag诱导时,细胞中的没食子酸含量最高达(131.38 ±2.01) μg/mL,为对照[(42.16 ±0.65) μg/mL]的3.12倍。

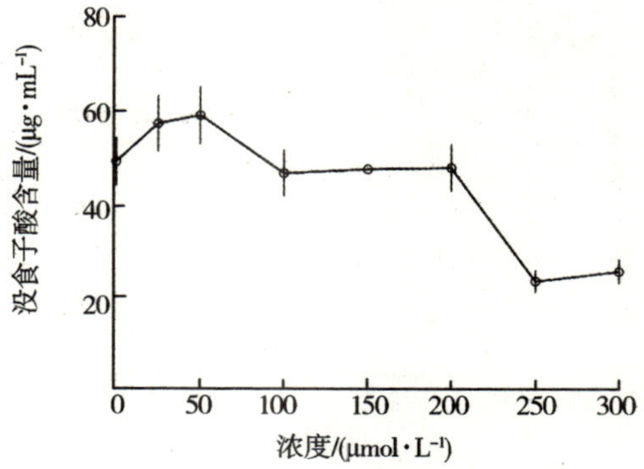

a.MeJA

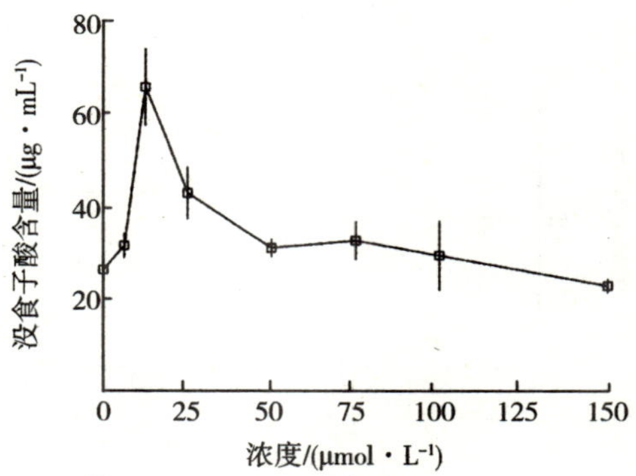

b.SA

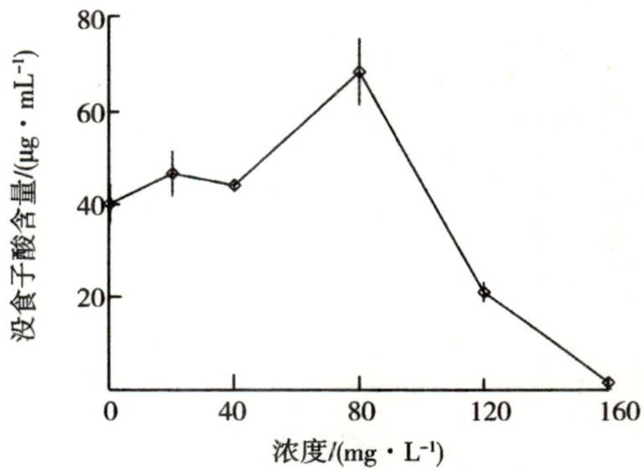

c.KJT

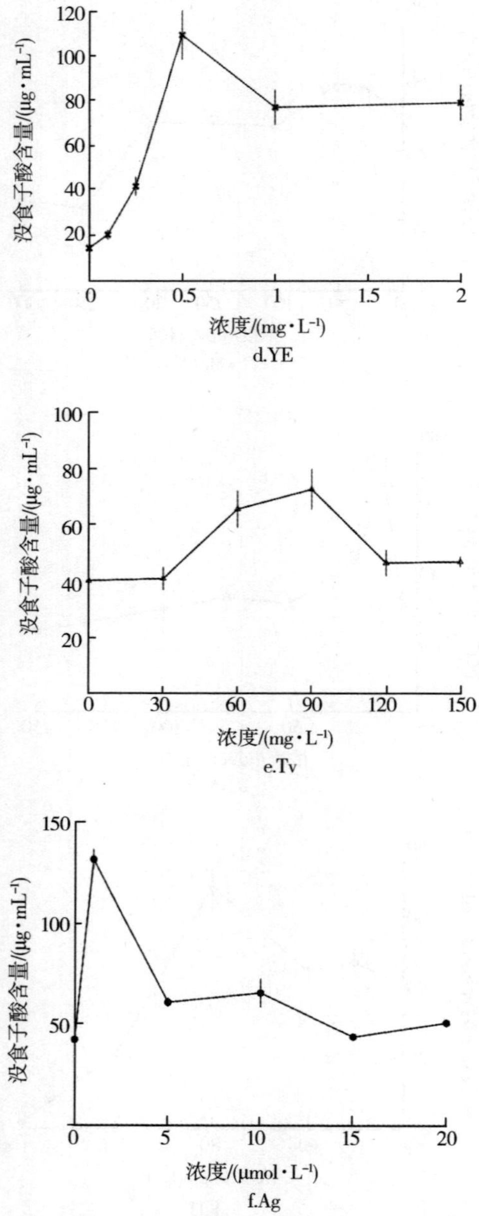

图 5－3　诱导浓度对菊芋悬浮细胞中没食子酸含量的影响

5.2.2.2 诱导浓度对菊芋悬浮细胞中原儿茶酸含量的影响

如图5-4所示，不同浓度MeJA处理下，25~100 μmol/L处理细胞中原儿茶酸含量增加，其余浓度处理使原儿茶酸含量降低，其中25 μmol/L MeJA处理时原儿茶酸含量最高达(76.16±2.43) μg/mL[对照为(59.09±2.09) μg/mL]。高浓度的SA诱导处理显著增加原儿茶酸含量，75 μmol/L时原儿茶酸含量最高为(81.68±1.71) μg/mL[对照为(22.71±2.22) μg/mL]。除160 mg/L KJT外，20~120 mg/L的浓度均显著增加原儿茶酸含量，最高含量出现在120 mg/L浓度下，为(78.76±3.32) μg/mL[对照为(35.34±1.49) μg/mL]。不同浓度YE处理中，随着诱导子浓度的增加，原儿茶酸含量先增加后减小，0.5 mg/L YE对原儿茶酸含量诱导最为显著，达(109.50±4.46) μg/mL[对照为(31.84±1.30) μg/mL]。不同浓度Tv处理细胞中原儿茶酸含量均显著高于对照，60 mg/L处理的细胞中原儿茶酸含量最高，为(33.50±1.36) μg/mL[对照为(18.00±0.67) μg/mL]。Ag的各浓度处理中，1~10 μmol/L处理细胞中原儿茶酸含量显著高于对照，最高为(92.01±1.41) μg/mL[对照为(46.93±1.03) μg/mL]，之后原儿茶酸含量随浓度升高而逐渐减小。

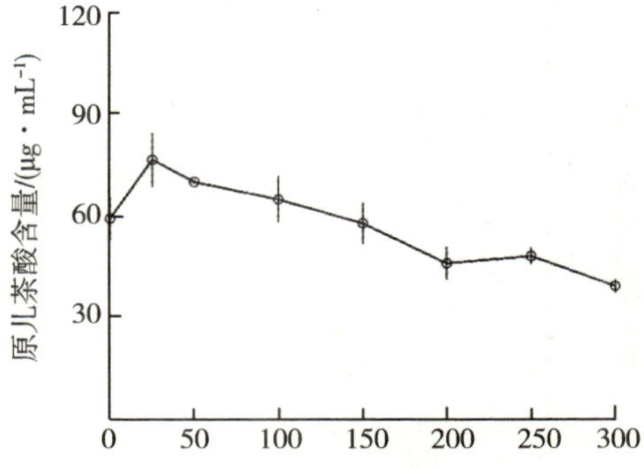

a.MeJA

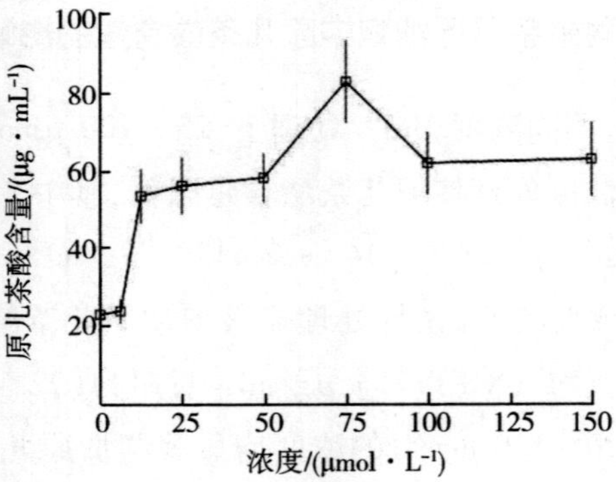
原儿茶酸含量/(μg·mL⁻¹)
100
80
60
40
20
0
25
50
75
100
125
150
浓度/(μmol·L⁻¹)

b.SA

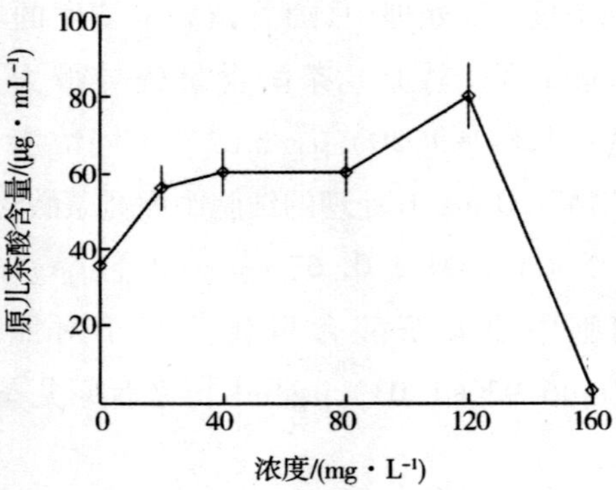
原儿茶酸含量/(μg·mL⁻¹)
100
80
60
40
20
0
40
80
120
160
浓度/(mg·L⁻¹)

c.KJT

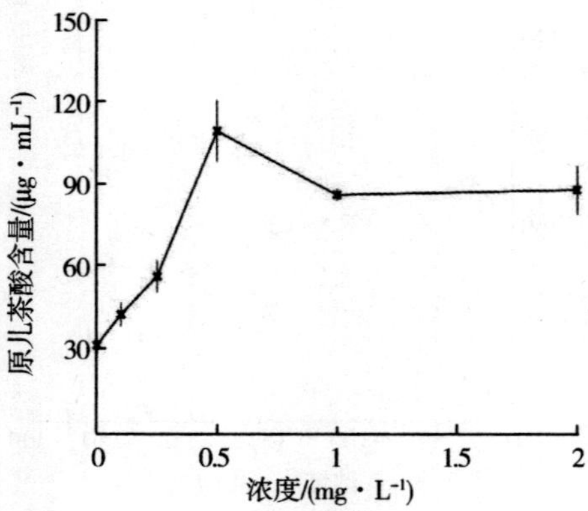
原儿茶酸含量/(μg·mL⁻¹)
150
120
90
60
30
0
0.5
1
1.5
2
浓度/(mg·L⁻¹)

d.YE

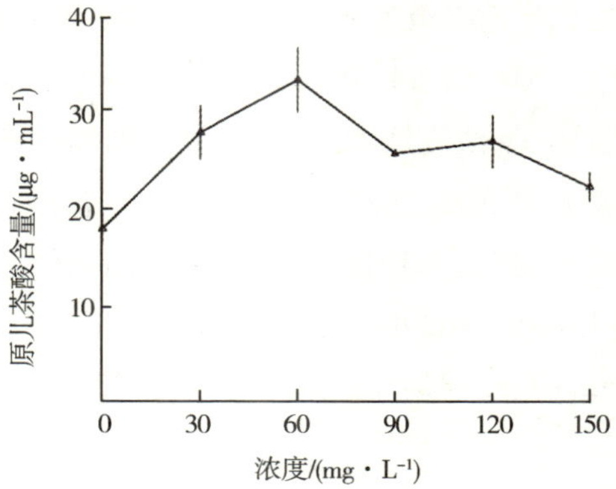

e.Tv

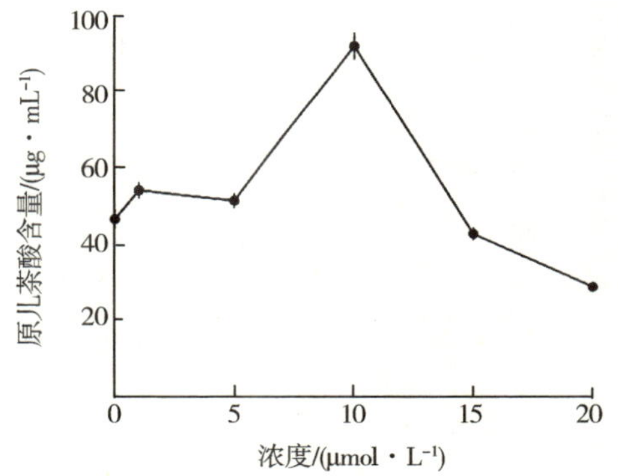

f.Ag

图 5－4　诱导浓度对菊芋悬浮细胞中原儿茶酸含量的影响

5.2.2.3　诱导浓度对菊芋悬浮细胞中 4－羟基苯甲酸含量的影响

如图 5－5 所示，MeJA 诱导处理使菊芋悬浮细胞中 4－羟基苯甲酸含量显著增加，当 MeJA 浓度达到 250 μmol/L 时，含量最高，为(305.88 ±12.91) μg/mL［对照为(127.84 ±2.00) μg/mL］。不同浓度 SA 均可诱导细胞中 4－羟基苯甲酸增加，在 50 μmol/L 处理的细胞中 4－羟基苯甲酸含量最高，为(633.62 ±32.95) μg/mL［对照为(224.27 ±11.66) μg/mL］。20 mg/L KJT 诱导处理下细胞中 4－羟基苯甲酸的含量达到最高，为(325.87 ±13.75) μg/mL［对照为(163.05 ±6.88) μg/mL］，而后随着 KJT 浓度的增加 4－羟基苯甲酸含量逐渐减小到对照之下。不同浓度的 YE 处理均可显著增加悬浮细胞中4－羟基苯甲酸的含量,0.5 mg/L 的诱导效果最为显著,4-羟基苯甲酸含量最高,为(523.03±21.28) μg/mL[对照为(109.58±4.46) μg/mL]。不同浓度 Tv 处理的细胞中,4-羟基苯甲酸的含量随 Tv 浓度增加而增加,但增加幅度平缓,在90 mg/L浓度下4-羟基苯甲酸含量达到最高,为(376.79±15.33) μg/mL[对照为(323.64±13.17) μg/mL],随后4-羟基苯甲酸含量减小。不同浓度 Ag 处理下,随处理浓度增加,4-羟基苯甲酸的含量也随之增加,在 10 μmol/L 时 4-羟基苯甲酸含量达到最高,为(352.82±5.41) μg/mL[对照为(220.29±3.38) μg/mL]。

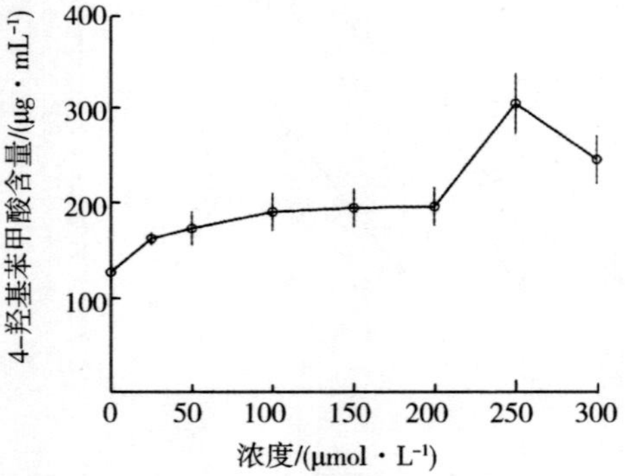

a.MeJA

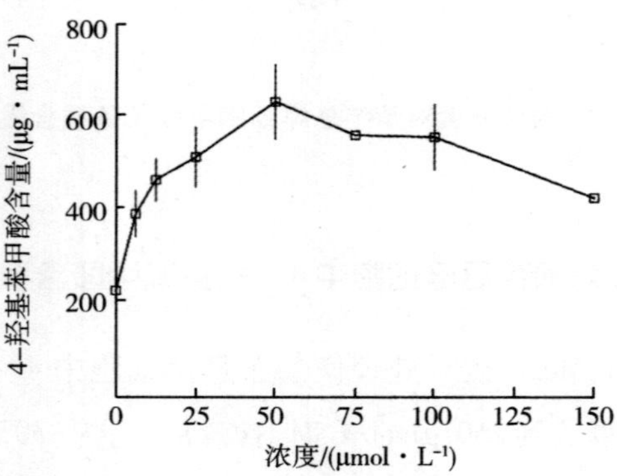

b.SA

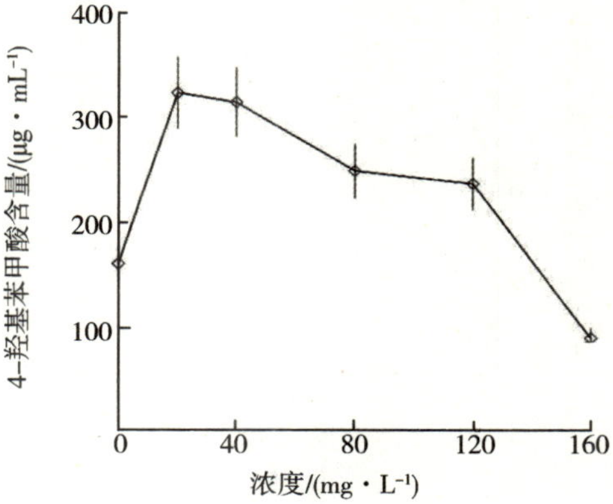

4-羟基苯甲酸含量/(μg·mL⁻¹)
400
300
200
100
0
40
80
120
160
浓度/(mg·L⁻¹)

c.KJT

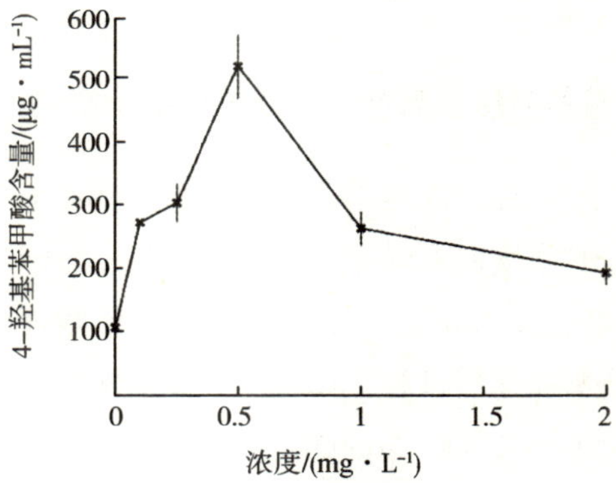

4-羟基苯甲酸含量/(μg·mL⁻¹)
600
500
400
300
200
100
0
0.5
1
1.5
2
浓度/(mg·L⁻¹)

d.YE

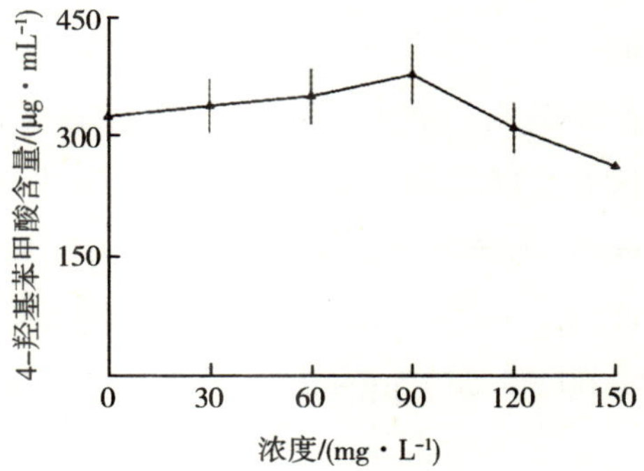

4-羟基苯甲酸含量/(μg·mL⁻¹)
450
300
150
0
30
60
90
120
150
浓度/(mg·L⁻¹)

e.Tv

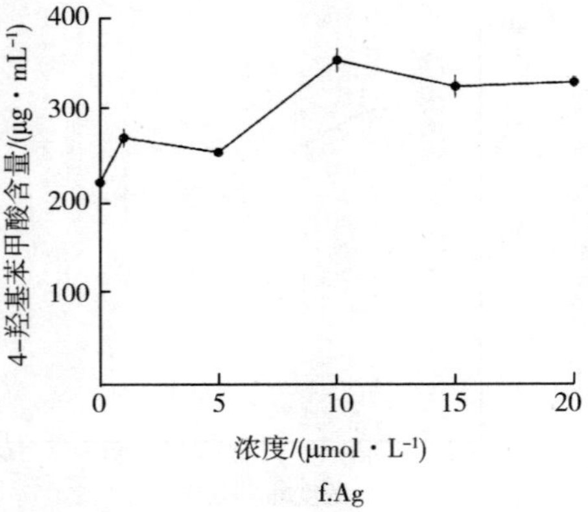

图 5-5　诱导浓度对菊芋悬浮细胞中 4-羟基苯甲酸含量的影响

5.2.2.4　诱导浓度对菊芋悬浮细胞中儿茶素含量的影响

如图 5-6 所示，菊芋悬浮细胞中儿茶素含量随 MeJA 的浓度增加而呈递增趋势，在 200 μmol/L 的浓度时儿茶素含量达到最高，为(71.24 ± 3.01) μg/mL [对照为(18.94 ± 0.80) μg/mL]，之后略有降低。低浓度的 SA 对细胞中儿茶素含量具有显著诱导增加作用，12.5 μmol/L 的 SA 处理时细胞中的儿茶素含量达到最高，为(150.54 ± 7.83) μg/mL[对照为(24.72 ± 1.29) μg/mL]。120 mg/L KJT以下的处理浓度对细胞中儿茶素含量具有诱导增加的作用，随后儿茶素含量降低到对照含量之下，120 mg/L 时儿茶素含量最高，为(62.21 ± 2.63) μg/mL[对照为(22.09 ± 0.93) μg/mL]。0.25 mg/L YE 诱导菊芋悬浮细胞中儿茶素含量达到最高，为(68.03 ± 2.77) μg/mL[对照为(8.54 ± 0.35) μg/mL]，而后随着浓度增加含量逐渐减小。Tv 诱导下细胞中儿茶素含量增加幅度不大，60 mg/L 诱导时儿茶素含量最高，为(110.67 ± 4.50) μg/mL [对照为(89.09 ± 3.62) μg/mL]。5 μmol/L 的 Ag 对细胞中儿茶素含量诱导作用显著，最高值为(341.60 ± 5.24) μg/mL，为对照[(53.24 ± 0.82) μg/mL]的 6.42 倍。

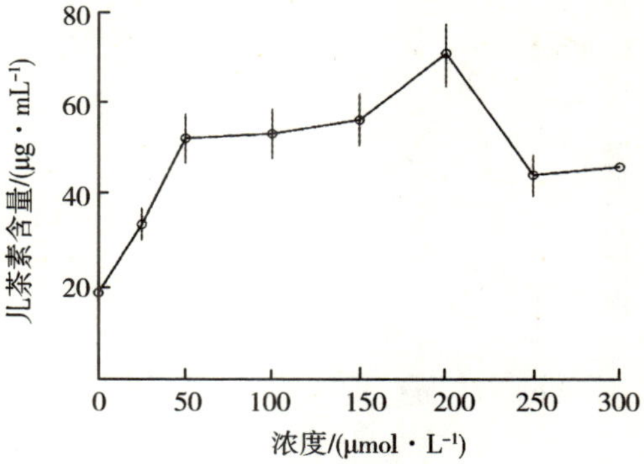

a.MeJA

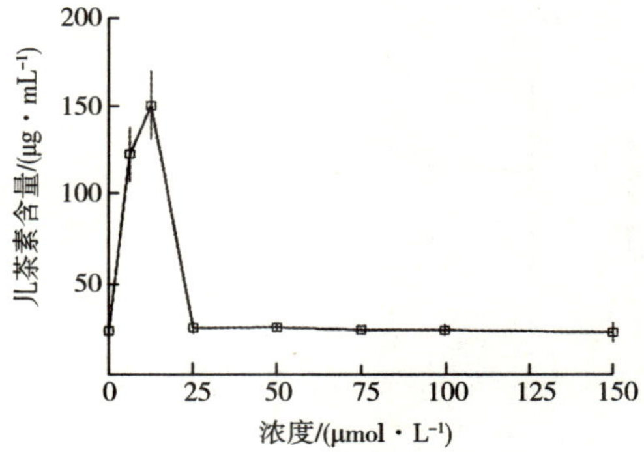

b.SA

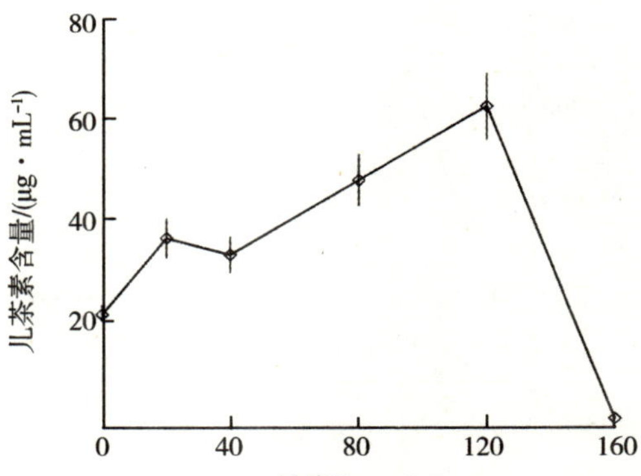

c.KJT

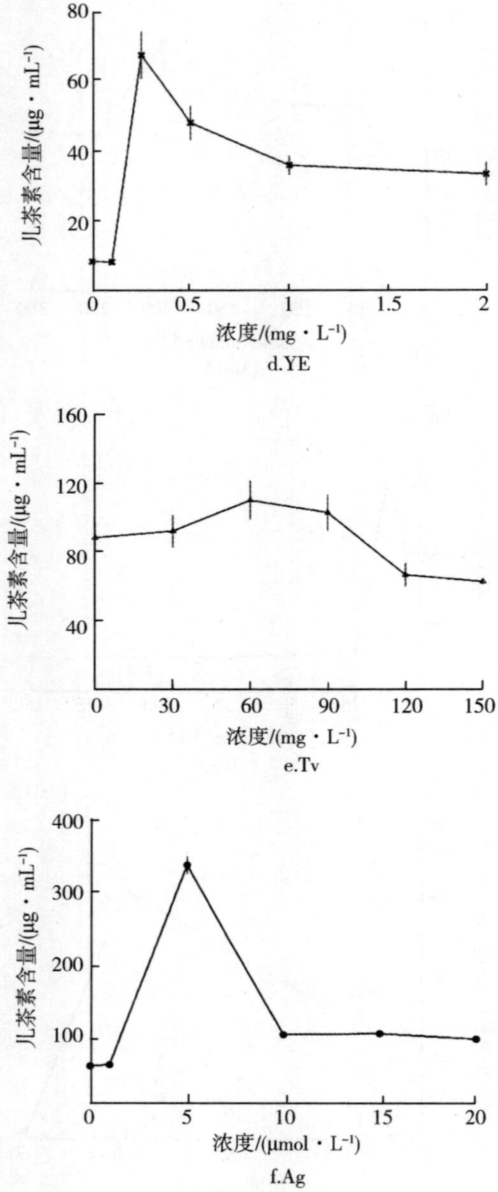

图 5 - 6　诱导浓度对菊芋悬浮细胞中儿茶素含量的影响

5.2.2.5　诱导浓度对菊芋悬浮细胞中绿原酸含量的影响

如图 5 - 7 所示，MeJA 各浓度处理中，50 ~ 300 μmol/L 对菊芋悬浮细胞中绿原酸含量诱导作用显著,200 μmol/L 时细胞中绿原酸含量最高,为(357.53 ± 15.09) μg/mL[对照为(14.97 ±0.63) μg/mL]。低浓度的 SA 对细胞中绿原酸含量诱导作用显著,12.5 μmol/L 时绿原酸含量最高,为(892.35 ±46.41) μg/mL[对照为(64.79 ±3.37) μg/mL],其余浓度处理下含量与对照相当。120 mg/L KJT 对于绿原酸含量的诱导作用最为显著,绿原酸含量为(289.33 ±12.21) μg/mL[对照为(18.82 ±0.79) μg/mL],其余浓度诱导作用不显著。不同浓度的 YE 对细胞中绿原酸含量均具有显著诱导作用,其中 0.25 mg/L YE 的诱导效果最为显著,绿原酸含量为(120.35 ±4.90) μg/mL[对照为(3.13 ±0.13) μg/mL]。Tv 的诱导处理中除 60 mg/L[绿原酸含量为(106.07 ±4.32) μg/mL,对照为(75.57 ±0.82) μg/mL]外,其余浓度下细胞中绿原酸的含量均减小。5 μmol/L 的 Ag 显著诱导增加悬浮细胞中绿原酸的含量[(416.75 ±6.39) μg/mL],为对照[(41.10 ±0.63) μg/mL]的 10.14 倍。

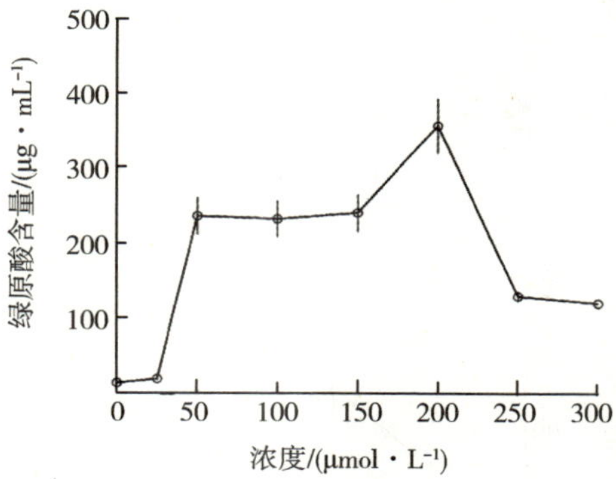

a.MeJA

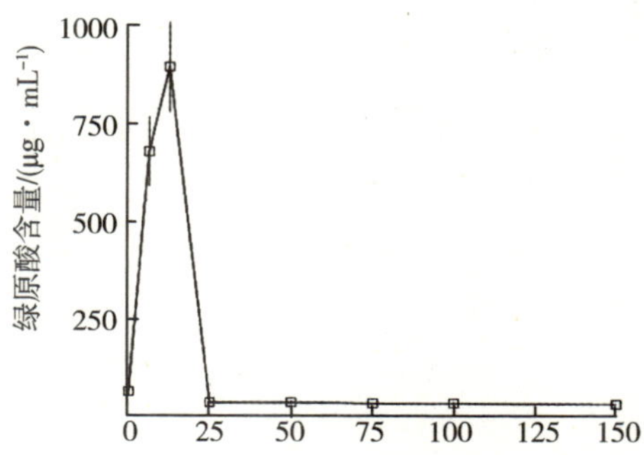

b.SA

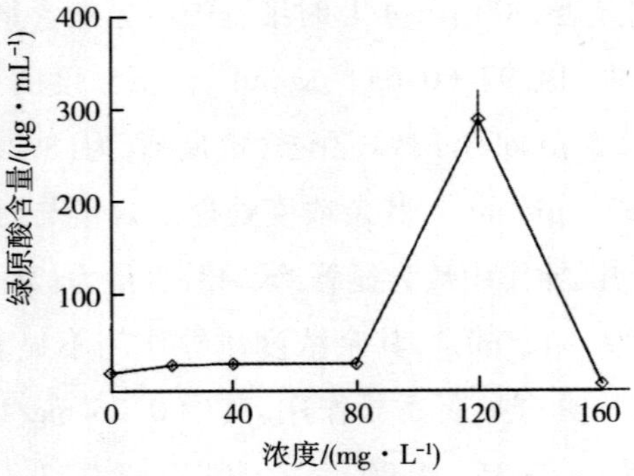
绿原酸含量/(μg · mL⁻¹)
400
300
200
100
0
40
80
120
160
浓度/(mg · L⁻¹)

c.KJT

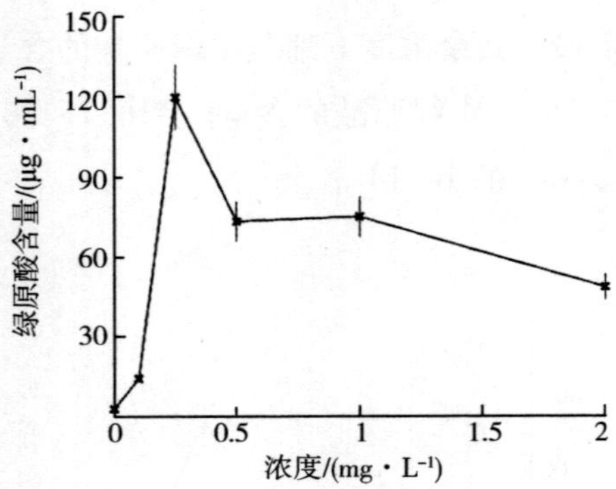
绿原酸含量/(μg · mL⁻¹)
150
120
90
60
30
0
0.5
1
1.5
2
浓度/(mg · L⁻¹)

d.YE

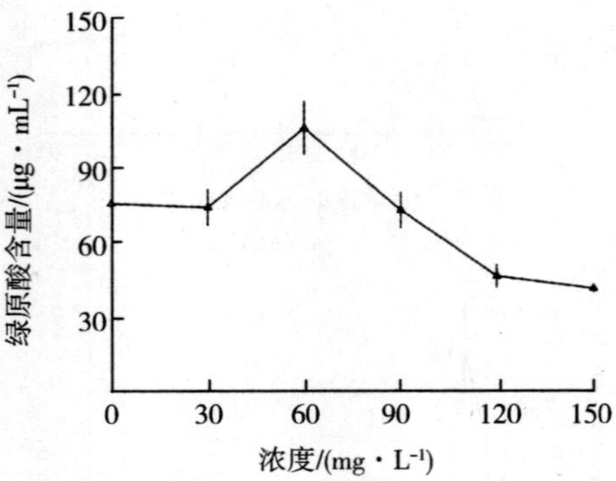
绿原酸含量/(μg · mL⁻¹)
150
120
90
60
30
0
30
60
90
120
150
浓度/(mg · L⁻¹)

e.Tv

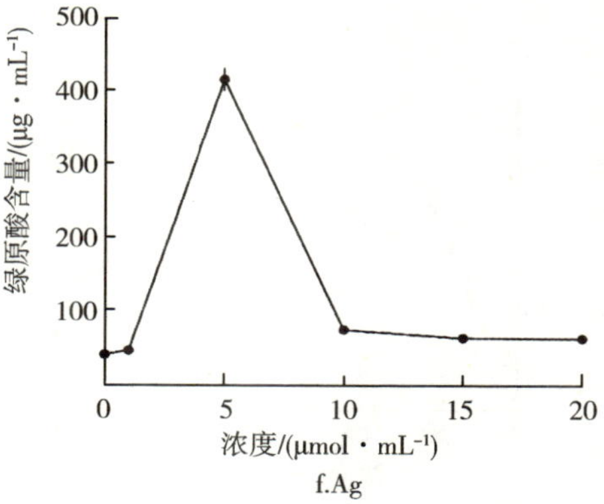

图5-7 诱导浓度对菊芋悬浮细胞中绿原酸含量的影响

5.2.2.6 诱导浓度对菊芋悬浮细胞中咖啡酸含量的影响

如图5-8所示,不同浓度的MeJA对菊芋悬浮细胞中咖啡酸含量均具有显著诱导作用,在200 μmol/L时咖啡酸含量最高,为(24.29±1.02) μg/mL[对照为(4.59±0.19) μg/mL]。SA的处理中显示出低浓度诱导效应,6.25 μmol/L时细胞中咖啡酸含量达到最高,为(98.52±5.12) μg/mL[对照为(17.02±0.89) μg/mL]。各个浓度的KJT对菊芋悬浮细胞中咖啡酸含量均具有诱导作用,120 mg/L时细胞中咖啡酸含量达到最高,为(32.96±1.39) μg/mL[对照为(0.33±0.10) μg/mL]。YE处理中,0.25~2 mg/L浓度的诱导均可增加细胞中咖啡酸含量,其中0.5 mg/L浓度下咖啡酸含量达到最高,为(19.29±0.78) μg/mL[对照为(0.73±0.03) μg/mL]。Tv处理的细胞中咖啡酸含量在90 mg/L时达到最高,为(41.34±1.68) μg/mL[对照为(16.72±0.69) μg/mL]。不同浓度的Ag对细胞中咖啡酸含量均有诱导作用,在Ag浓度为10 μmol/L时细胞中咖啡酸含量最高,为(19.79±0.30) μg/mL[对照为(6.70±0.10) μg/mL]。

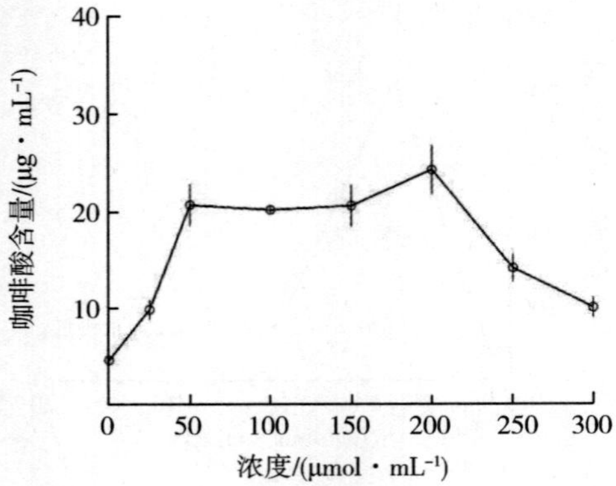

a.MeJA

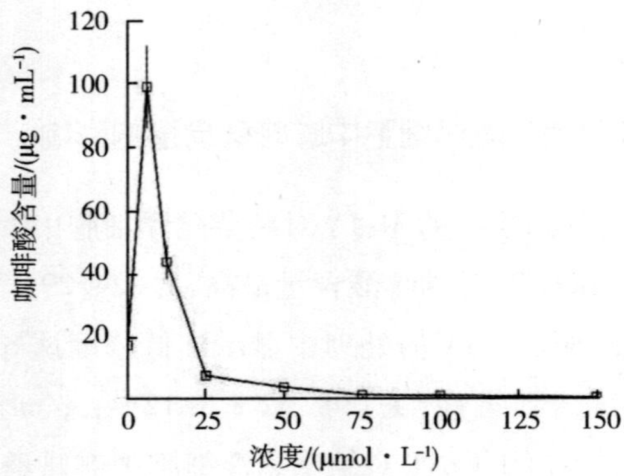

b.SA

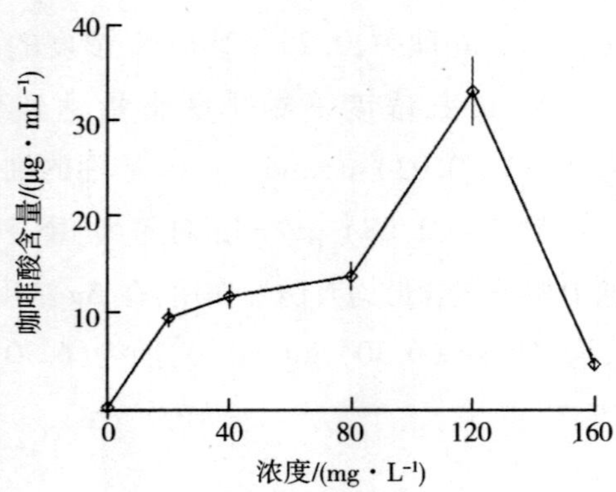

c.KJT

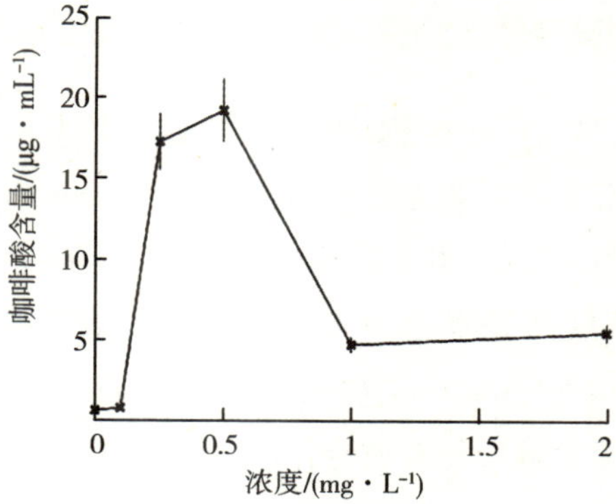

d.YE

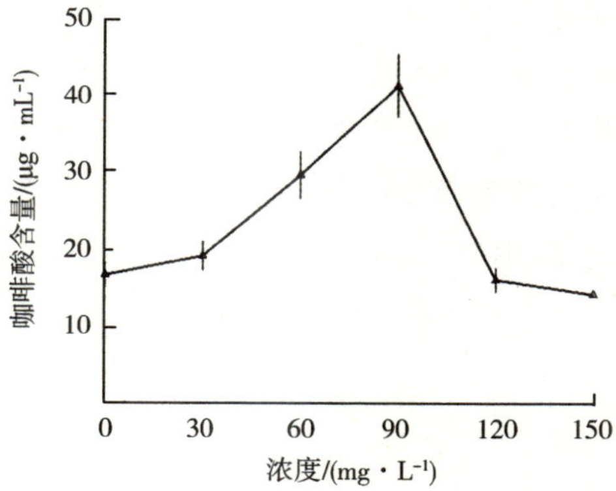

e.Tv

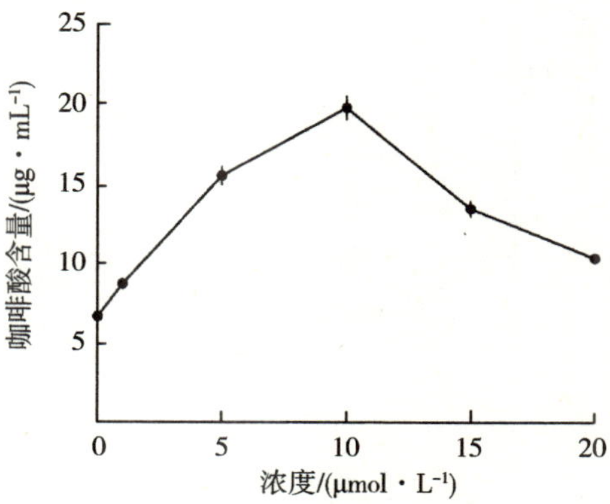

f.Ag

图 5-8　诱导浓度对菊芋悬浮细胞中咖啡酸含量的影响

5.2.2.7 诱导浓度对菊芋悬浮细胞中表儿茶素含量的影响

如图 5 - 9 所示，MeJA 对细胞中表儿茶素含量具有高浓度诱导作用，0 ~ 200 μmol/L 间表儿茶素含量变化不显著，在 250 μmol/L 处理时细胞中表儿茶素含量达到最高，为(15.93 ±0.67) μg/mL[对照为(4.64 ±0.20) μg/mL]。SA 处理中显示出低浓度诱导效应，6.25 μmol/L 对表儿茶素含量影响最为显著，含量为(26.57 ±1.38) μg/mL[对照为(5.17 ±0.27) μg/mL]。不同浓度 KJT 对细胞中表儿茶素含量均具有诱导作用，40 mg/L 时效果最为显著，含量达到(25.96 ±1.10) μg/mL[对照为(8.12 ±0.34) μg/mL]。0.25 mg/L YE 对悬浮细胞中表儿茶素含量诱导最为显著，含量达到(62.16 ±2.53) μg/mL，为对照[(1.35 ±0.05) μg/mL]的 46.04 倍。Tv 的各浓度处理中，30 ~ 90 mg/L 都提高了细胞中表儿茶素的含量，其中 90 mg/L 时表儿茶素含量达到最高，为(28.63 ±1.16) μg/mL[对照为(5.36 ±0.22) μg/mL]。Ag 对悬浮细胞中表儿茶素含量具有普遍诱导作用，10 μmol/L 时表儿茶素含量最高，为(15.30 ±0.23) μg/mL[对照为(4.84 ±0.07) μg/mL]。

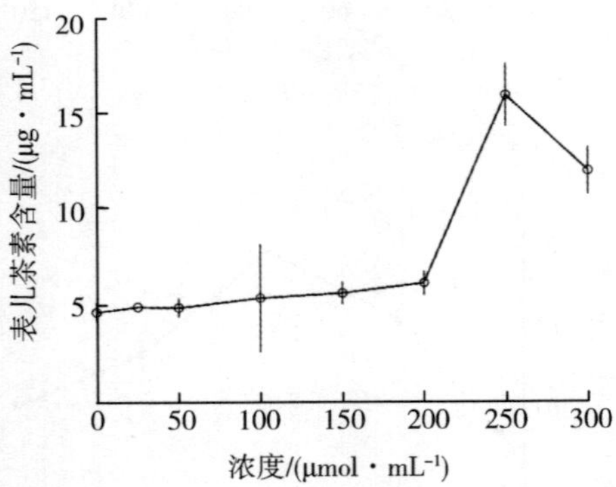

a.MeJA

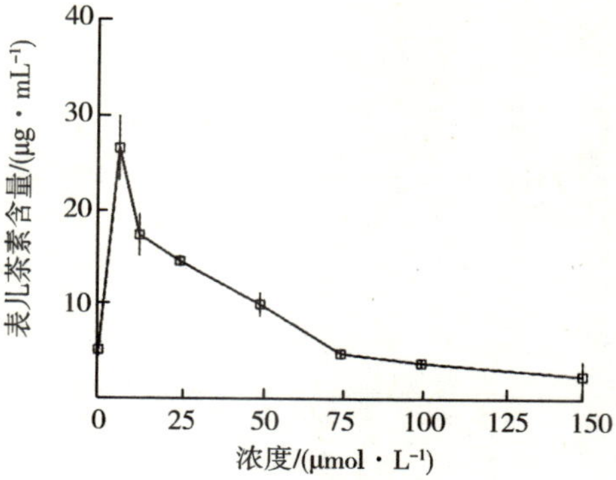
表儿茶素含量/(μg · mL⁻¹)
40
30
20
10
0
25
50
75
100
125
150
浓度/(μmol · L⁻¹)

b.SA

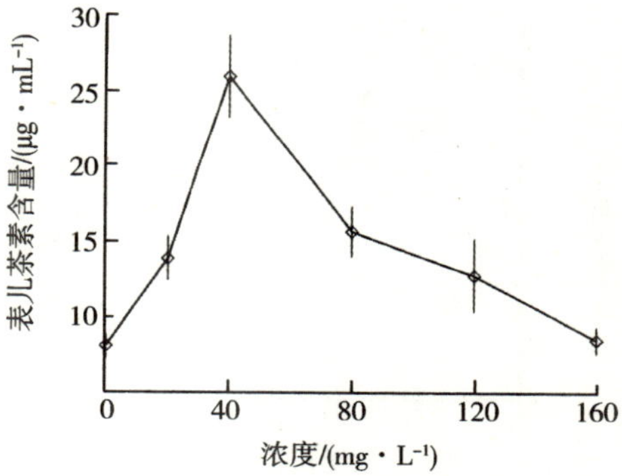
表儿茶素含量/(μg · mL⁻¹)
30
25
20
15
10
0
40
80
120
160
浓度/(mg · L⁻¹)

c.KJT

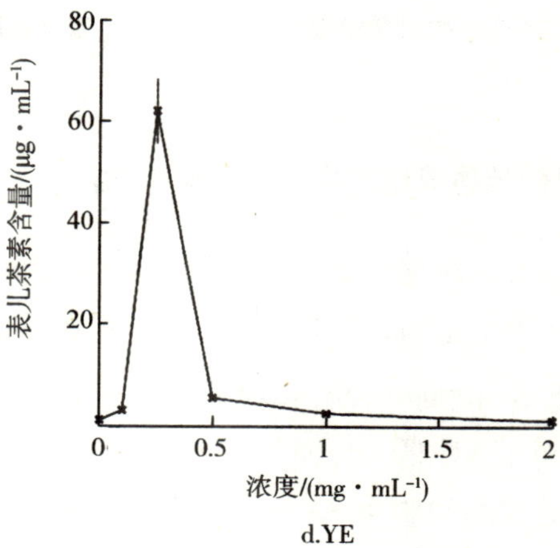
表儿茶素含量/(μg · mL⁻¹)
80
60
40
20
0
0.5
1
1.5
2
浓度/(mg · mL⁻¹)

d.YE

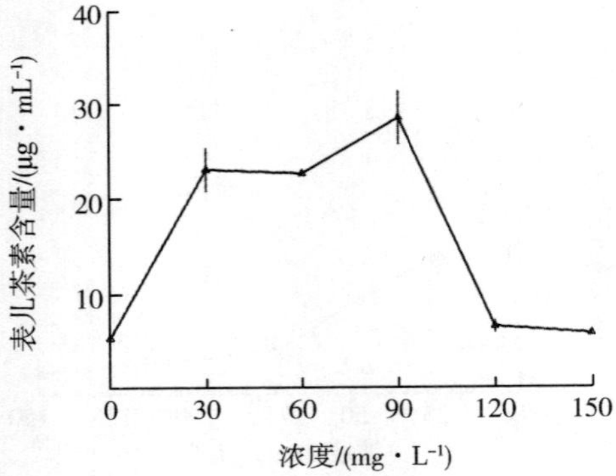

e.Tv

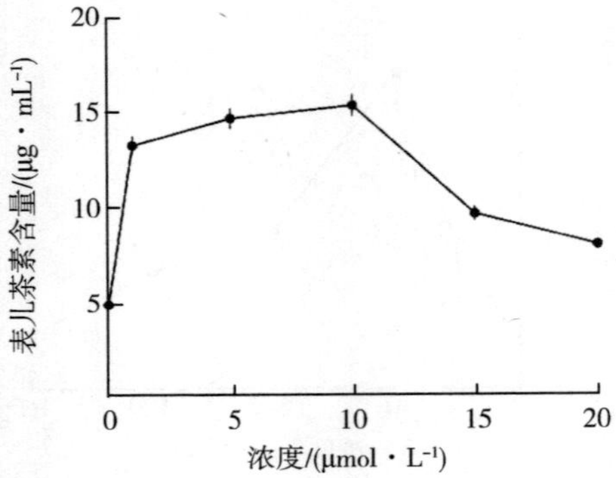

f.Ag

图 5－9　诱导浓度对菊芋悬浮细胞中表儿茶素含量的影响

5.2.2.8　诱导浓度对菊芋悬浮细胞中 SA 含量的影响

如图 5－10 所示，MeJA 对细胞中 SA 含量诱导显著，300 μmol/L 时 SA 含量达到最高，为(6.11 ±0.26) μg/mL[对照为(0.29 ±0.01) μg/mL]。SA 处理显示高浓度诱导效应，在 75 μmol/L SA 处理的细胞中，SA 含量达到了最高，为(116.07 ±6.04) μg/mL，为对照[(1.08 ±0.06) μg/mL]的 107.47 倍。KJT 的处理中，仅 160 mg/L 处理的细胞中 SA 含量[(3.73 ±0.16) μg/mL]高于对照[(1.80 ±0.08) μg/mL)]，其余浓度处理下均低于对照。YE 的处理对于菊芋悬浮细胞中 SA 含量表现出普遍诱导增加的趋势，在 0.5 mg/L 处理时获得了最高的 SA 含量，为(14.89 ±0.61) μg/mL[对照为(1.04 ±0.04) μg/mL]。Tv 处理中，细胞中的 SA 含量显著增加，60 mg/L 时 SA 含量最高，为(22.82 ±

0.93) μg/mL[对照为(5.66 ±0.08) μg/mL]。不同浓度 Ag 对细胞中 SA 含量均具有诱导作用,1 μmol/L 时 SA 含量达到了最高,为(72.57 ±1.11) μg/mL,为对照[(16.13 ±0.25) μg/mL]的4.50倍。

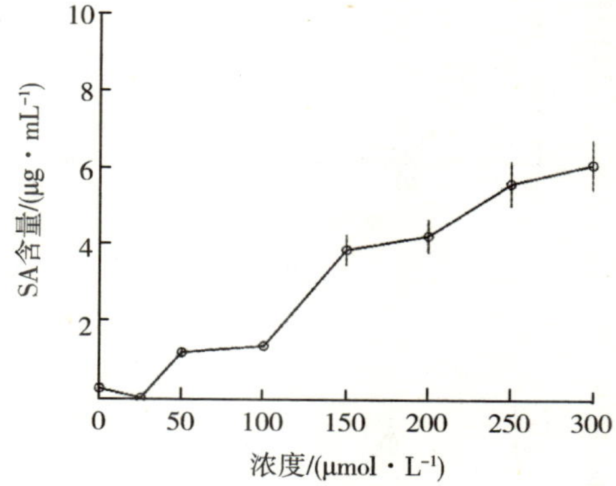

a.MeJA

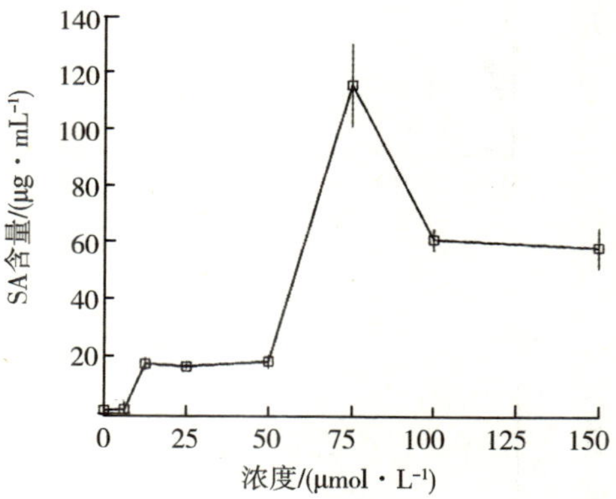

b.SA

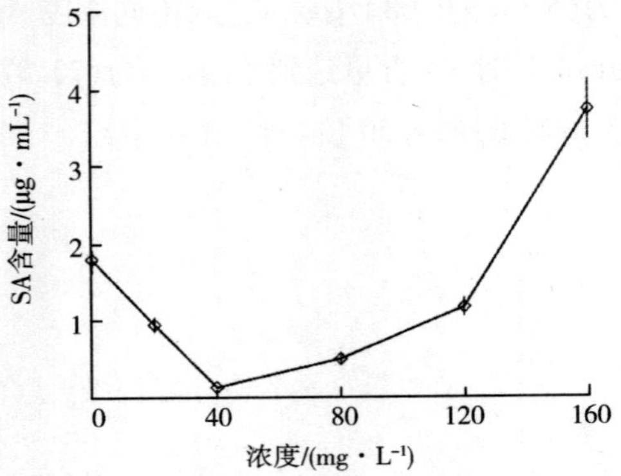
SA含量/(μg · mL⁻¹)
5
4
3
2
1
0
40
80
120
160
浓度/(mg · L⁻¹)

c.KJT

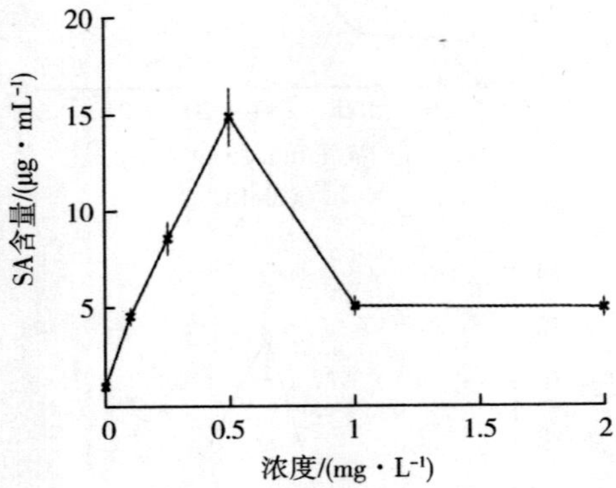
SA含量/(μg · mL⁻¹)
20
15
10
5
0
0.5
1
1.5
2
浓度/(mg · L⁻¹)

d.YE

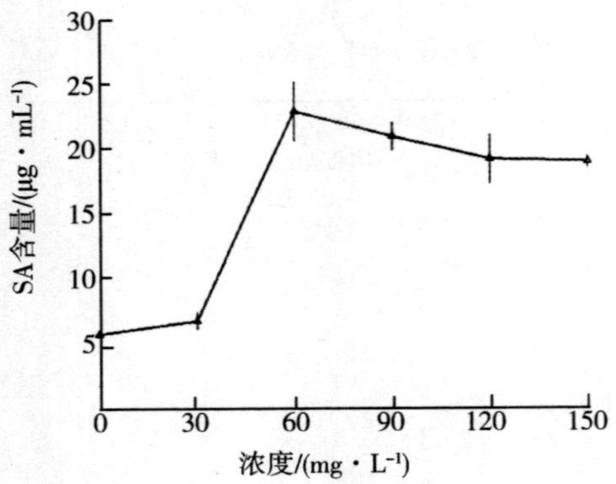
SA含量/(μg · mL⁻¹)
30
25
20
15
10
5
0
30
60
90
120
150
浓度/(mg · L⁻¹)

e.Tv

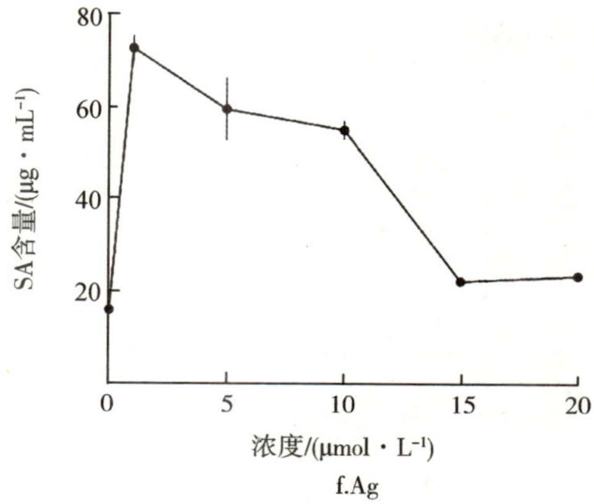

图 5－10　诱导浓度对菊芋悬浮细胞中 SA 含量的影响

5.2.2.9　诱导浓度对菊芋悬浮细胞中东莨菪内酯含量的影响

如图 5－11 所示，MeJA 处理中，0～200 μmol/L 时东莨菪内酯含量变化不显著，250 μmol/L 时东莨菪内酯含量猛增至(221.26 ±9.34) μg/mL[对照为(42.12 ±1.78) μg/mL]，随后又降低。不同浓度 SA 对于菊芋悬浮细胞中东莨菪内酯含量具有普遍增加作用，150 μmol/L 时东莨菪内酯含量达到最高，为(115.52 ±6.01) μg/mL[对照为(14.33 ±0.75) μg/mL]。低浓度 KJT 显著增加了细胞中东莨菪内酯含量，高浓度 KJT 则降低了东莨菪内酯含量，80 mg/L 处理的细胞中东莨菪内酯含量最高，达(153.89 ±6.49) μg/mL[对照为(36.05 ±1.52) μg/mL]。YE 对细胞中东莨菪内酯的含量诱导不明显，低浓度处理时虽东莨菪内酯含量有所增加，但增幅较小，随后减小到对照之下，最高含量出现在 0.25 mg/L 处理的细胞中，为(73.15 ±2.98) μg/mL[对照为(66.09 ±2.69) μg/mL]。Tv 处理中，30～90 mg/L 处理细胞中东莨菪内酯的含量增加，90 mg/L时达到最高，为(65.03 ±2.65) μg/mL[对照为(27.80 ±0.28) μg/mL]，之后降低到对照之下。Ag 处理对细胞中东莨菪内酯的含量表现出普遍诱导增加作用，10 μmol/L 时东莨菪内酯的含量最高，为(9.98 ±0.15) μg/mL[对照为(1.90 ±0.03) μg/mL]。

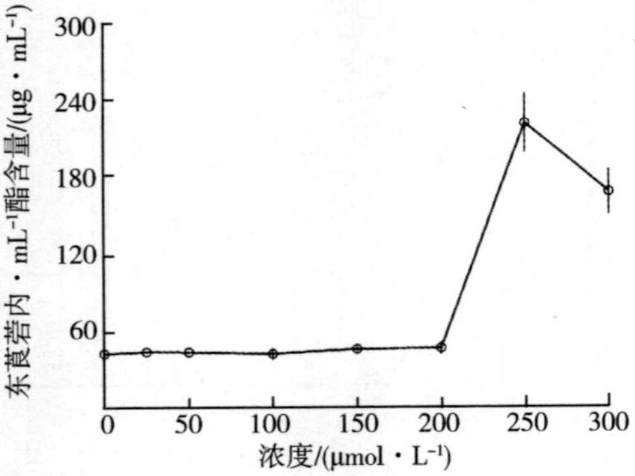

a.MeJA

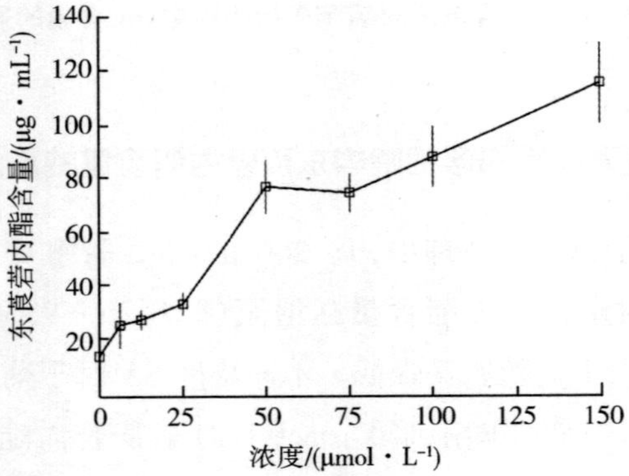

b.SA

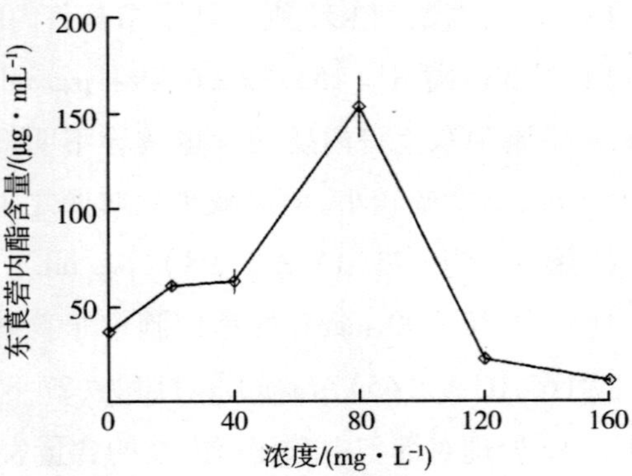

c.KJT

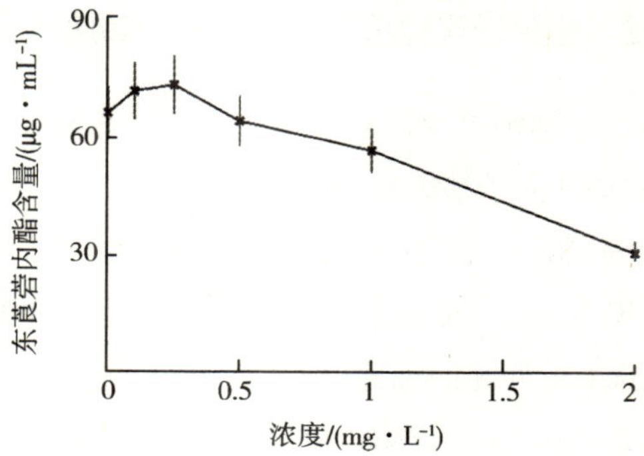

d.YE

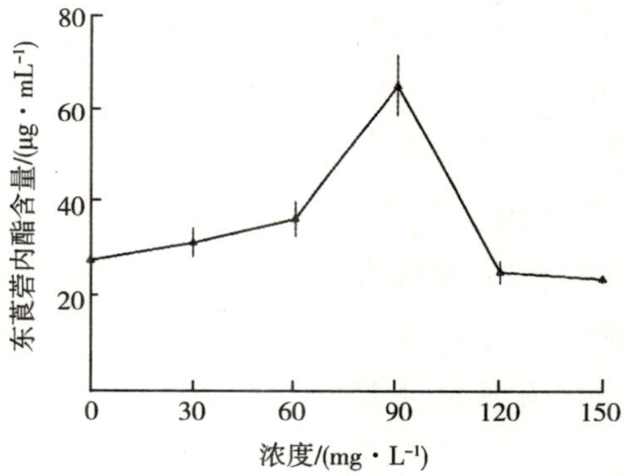

e.Tv

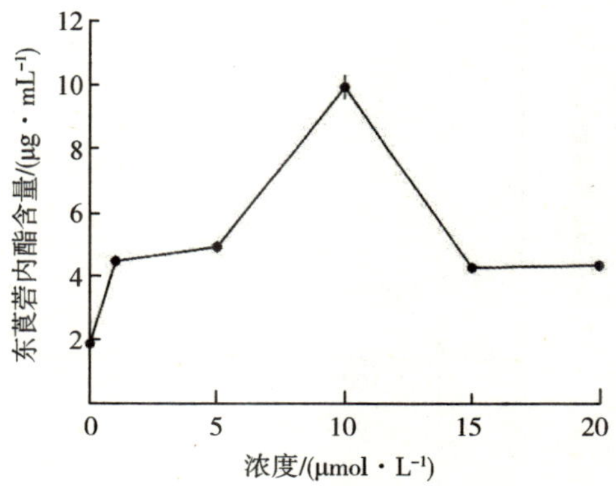

f.Ag

图 5 – 11　诱导浓度对菊芋悬浮细胞中东莨菪内酯含量的影响

5.2.2.10 诱导浓度对菊芋悬浮细胞中3-羟基肉桂酸含量的影响

如图5-12所示，不同浓度MeJA的处理中，100～300 μmol/L诱导处理均可增加菊芋悬浮细胞中3-羟基肉桂酸的含量，尤其250 μmol/L处理的细胞中其含量达到最高值，为(8.74±0.37) μg/mL[对照为(0.79±0.03) μg/mL]。SA的处理中，25～150 μmol/L处理的细胞中3-羟基肉桂酸含量增加，最显著的变化出现在100 μmol/L处理的细胞中，其含量达到了(121.81±6.34) μg/mL[对照为(2.64±0.22) μg/mL]。KJT和YE的诱导处理中，细胞中最高的3-羟基肉桂酸含量分别出现在120 mg/L KJT及0.25 mg/L YE处理的细胞中，最高含量分别为(75.47±3.18) μg/mL[对照为(4.88±0.21) μg/mL]、(12.80±0.52) μg/mL[对照为(3.22±0.00) μg/mL]。Tv处理中，60～120 mg/L处理增加了悬浮细胞中3-羟基肉桂酸的量，最高含量出现在90 mg/L处理的悬浮细胞中，为(8.25±0.34) μg/mL[对照为(5.67±0.01) μg/mL]。不同浓度Ag的处理均增加了细胞中3-羟基肉桂酸的含量，同时显示Ag对3-羟基肉桂酸含量具有高浓度诱导效应，最高含量出现在10 μmol/L诱导处理的细胞中，为(41.26±0.63) μg/mL[对照为(4.15±0.06) μg/mL]。

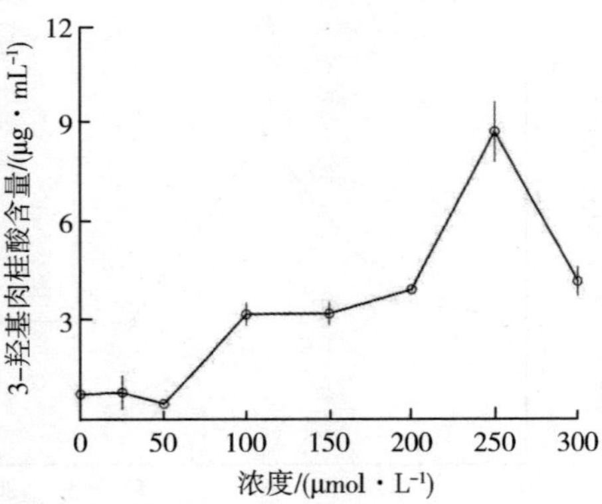

a.MeJA

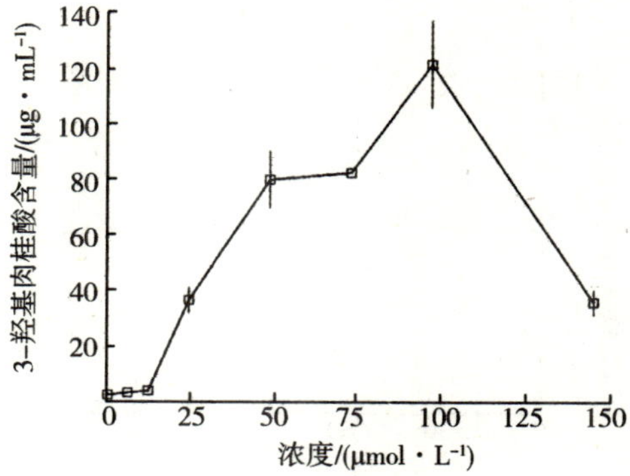
3-羟基肉桂酸含量/(μg·mL⁻¹)
140
120
100
80
60
40
20
0
25
50
75
100
125
150
浓度/(μmol·L⁻¹)

b.SA

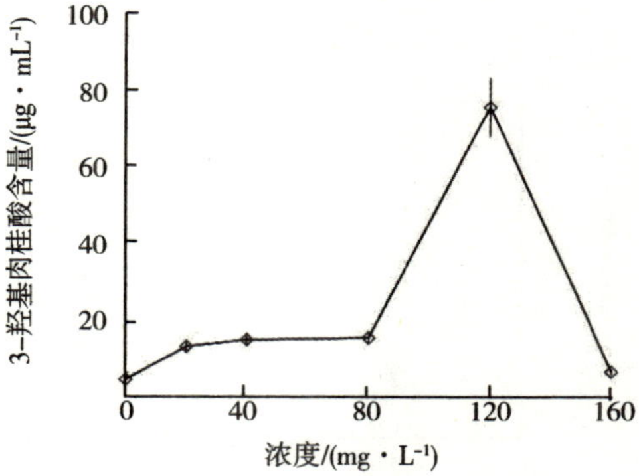
3-羟基肉桂酸含量/(μg·mL⁻¹)
100
80
60
40
20
0
40
80
120
160
浓度/(mg·L⁻¹)

c.KJT

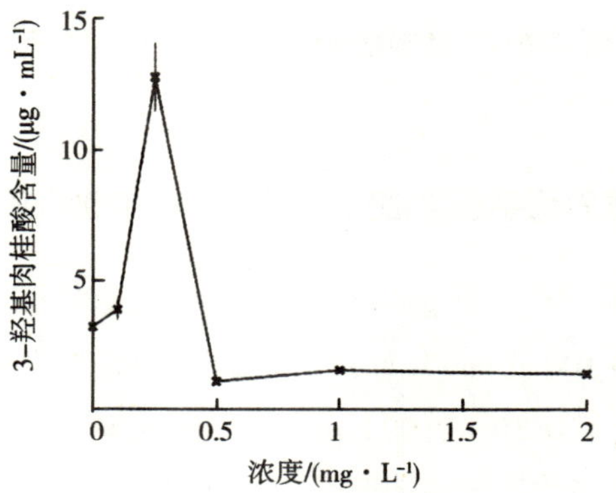
3-羟基肉桂酸含量/(μg·mL⁻¹)
15
10
5
0
0.5
1
1.5
2
浓度/(mg·L⁻¹)

d.YE

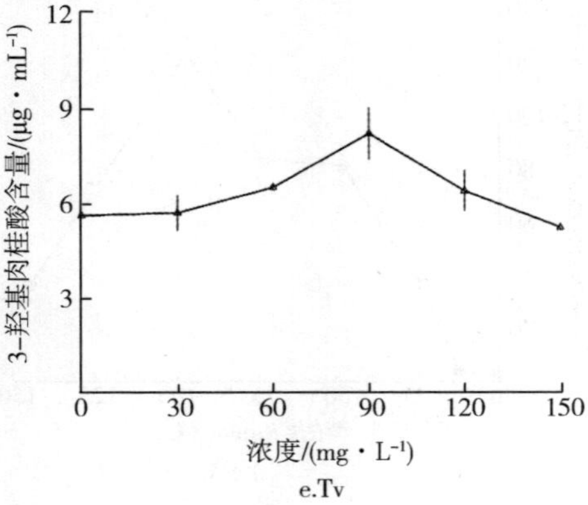

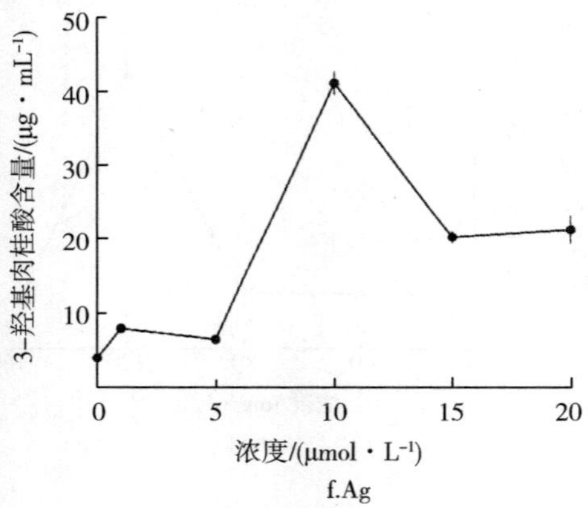

图 5-12　诱导浓度对菊芋悬浮细胞中 3-羟基肉桂酸含量的影响

5.2.2.11　诱导浓度对菊芋悬浮细胞中阿魏酸含量的影响

如图 5-13 所示，50～300 μmol/L 的 MeJA 处理均可提高菊芋悬浮细胞中阿魏酸的含量，其中 100 μmol/L 处理时细胞中阿魏酸含量最高，达(12.30±0.52) μg/mL[对照为(0.10±0.00) μg/mL]，增加显著。不同浓度 SA 的处理中，阿魏酸含量随处理浓度增大而增加，其中 150 μmol/L 时细胞中阿魏酸含量最高，为(3.49±0.18) μg/mL[对照为(0.53±0.03) μg/mL]。KJT 处理中，120 mg/L 处理后悬浮细胞中阿魏酸含量显著增加到(11.61±0.49) μg/mL，为对照[(0.70±0.03) μg/mL]的 16.59 倍。YE 的处理具有低浓度诱导增加效应，0.1～0.5 mg/L YE 处理显著增加了细胞中阿魏酸的含量，后随浓度增加阿魏酸含量减小，在 0.5 mg/L 时细胞中阿魏酸含量达到最高，为(1.77 ± 0.07) μg/mL[对照为(0.83 ± 0.03) μg/mL]。30 ~ 90 mg/L Tv 处理增加了悬浮细胞中阿魏酸含量，其中 60 mg/L 处理时阿魏酸含量最高，为(18.62 ± 0.76) μg/mL[对照为(10.04 ± 0.41) μg/mL]。Ag 的诱导处理表现出高浓度诱导效应，且随浓度增加阿魏酸含量增加，在 10 ~ 20 μmol/L 时细胞中阿魏酸含量显著增加，20 μmol/L 时含量达到最高，为(7.86 ± 0.12) μg/mL[对照为(0.92 ± 0.01) μg/mL]。

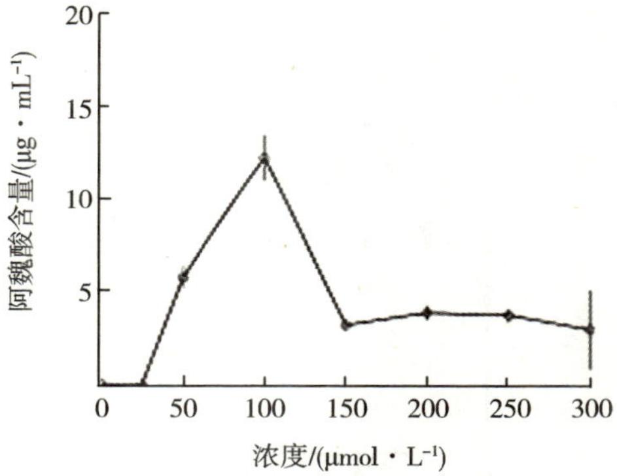

a.MeJA

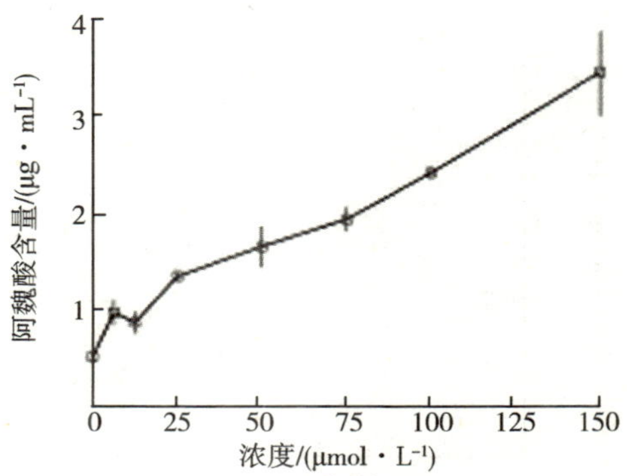

b.SA

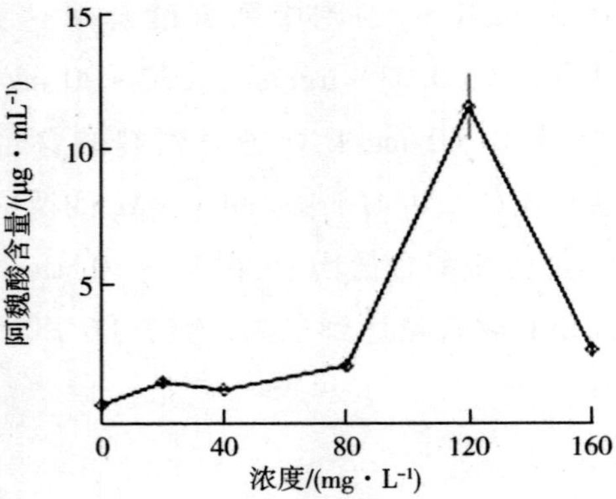
15
10
5
0
40
80
120
160
阿魏酸含量/(μg・mL⁻¹)
浓度/(mg・L⁻¹)

c.KJT

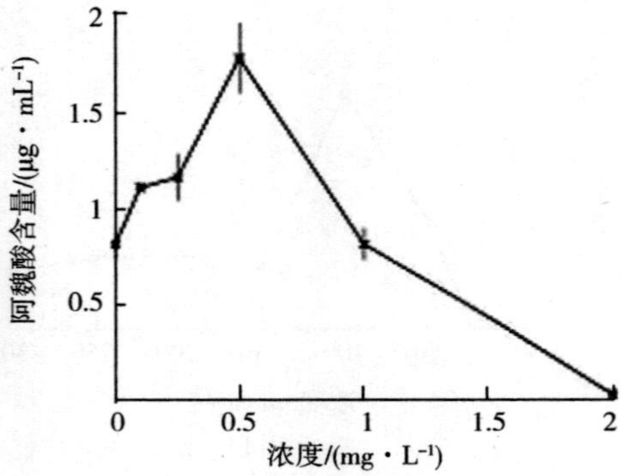
2
1.5
1
0.5
0
0.5
1
1.5
2
阿魏酸含量/(μg・mL⁻¹)
浓度/(mg・L⁻¹)

d.YE

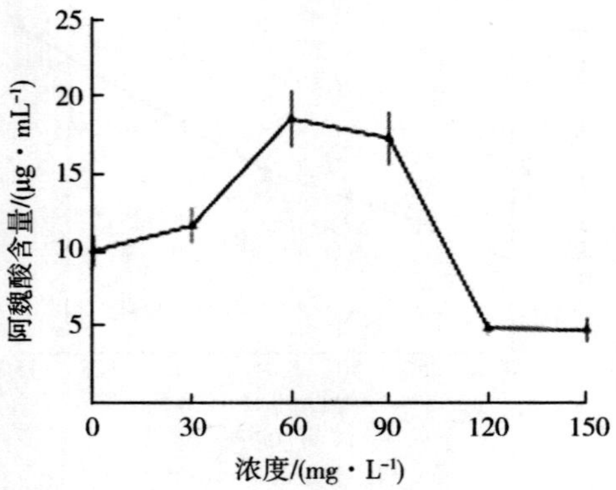
25
20
15
10
5
0
30
60
90
120
150
阿魏酸含量/(μg・mL⁻¹)
浓度/(mg・L⁻¹)

e.Tv

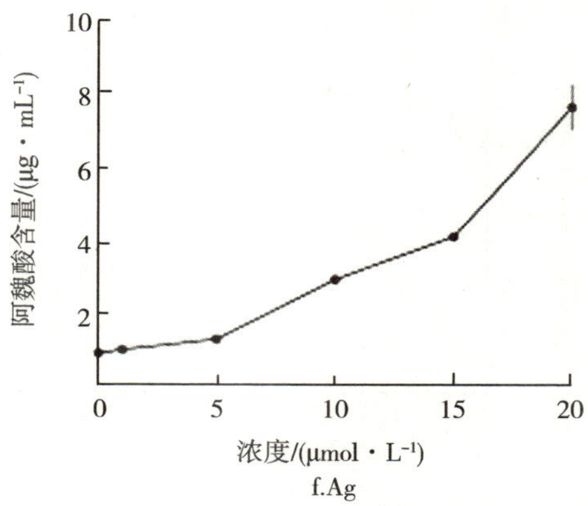

图 5-13 诱导浓度对菊芋悬浮细胞中阿魏酸含量的影响

5.2.2.12 诱导浓度对菊芋悬浮细胞中芥子酸含量的影响

如图 5-14 所示,不同浓度的 MeJA 处理中,25~150 μmol/L 处理使菊芋悬浮细胞中芥子酸含量增加,而后减小到对照之下,其中 100 μmol/L 时芥子酸含量最高,为(1.78±0.08) μg/mL[对照为(1.03±0.04) μg/mL]。SA 的处理显示出低浓度诱导效应,6.25 μmol/L 处理的细胞中获得了最高含量的芥子酸[(14.53±0.76) μg/mL],而后减小,最终低于对照[(1.97±0.10) μg/mL]。KJT 的处理对细胞中芥子酸含量具有普遍增加作用,其中 120 mg/L 的诱导处理使细胞中芥子酸含量增加最为显著,达到(3.22±0.14) μg/mL[对照为(0.04±0.00) μg/mL]。不同浓度 YE 处理中仅 0.25 mg/L 处理显著增加了细胞中芥子酸含量,达到(37.19±1.51) μg/mL,为对照[(2.64±0.11) μg/mL]的 14.09 倍。Tv 的诱导处理在 30 mg/L 之后对悬浮细胞中芥子酸含量诱导增加作用显著,且随浓度增加芥子酸含量增加,150 mg/L 时芥子酸含量最高,为(3.82±0.16) μg/mL[对照为(0.07±0.00) μg/mL]。Ag 处理具有普遍增加细胞中芥子酸含量的作用,低浓度处理增加效果显著,1 μmol/L 处理时芥子酸含量最高,为(82.01±1.26) μg/mL[对照为(10.05±0.15) μg/mL]。

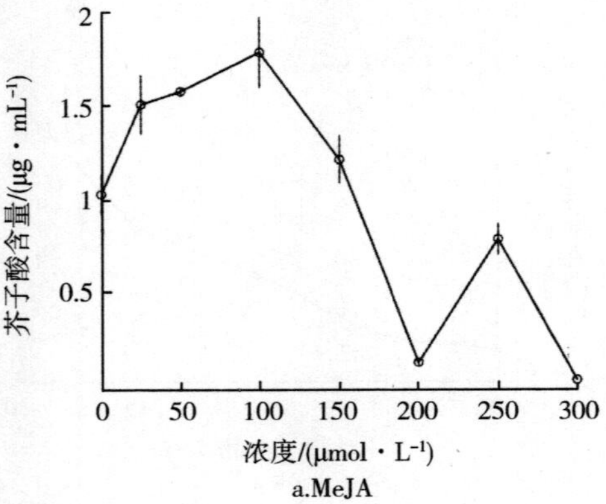

a.MeJA

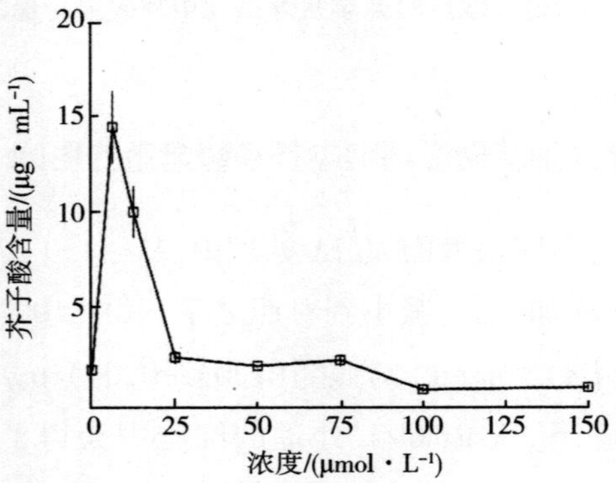

b.SA

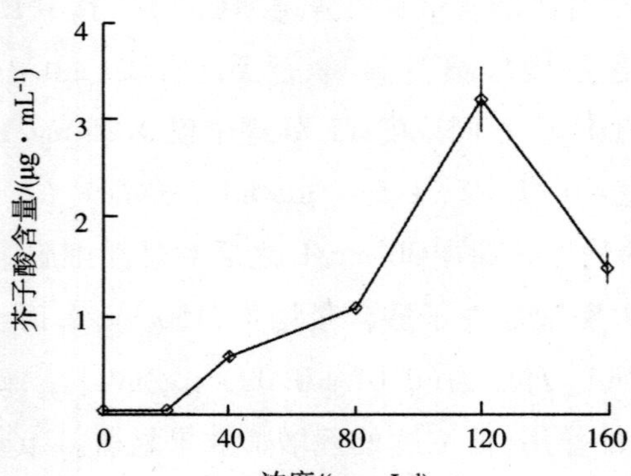

c.KJT

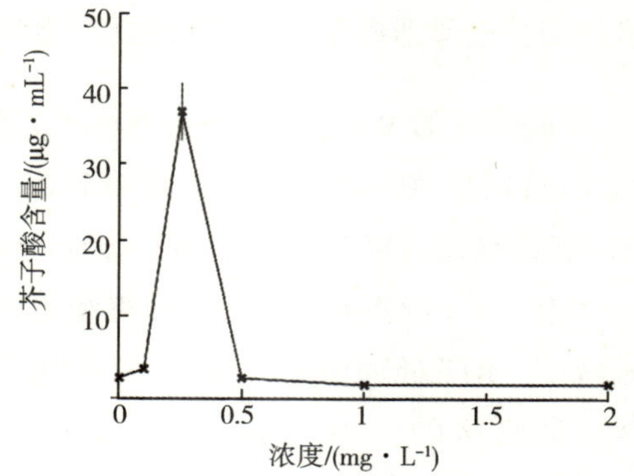

d.YE

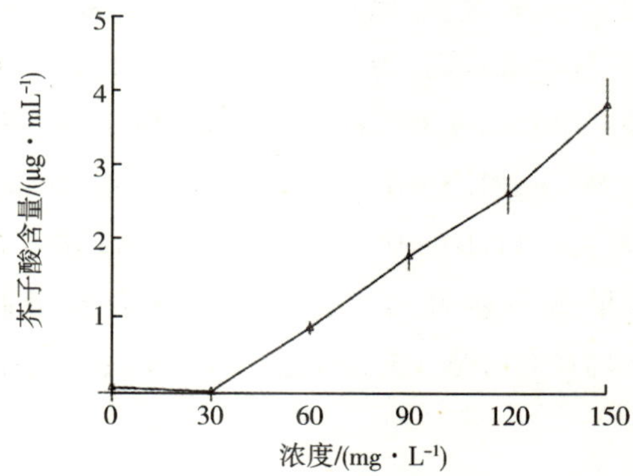

e.Tv

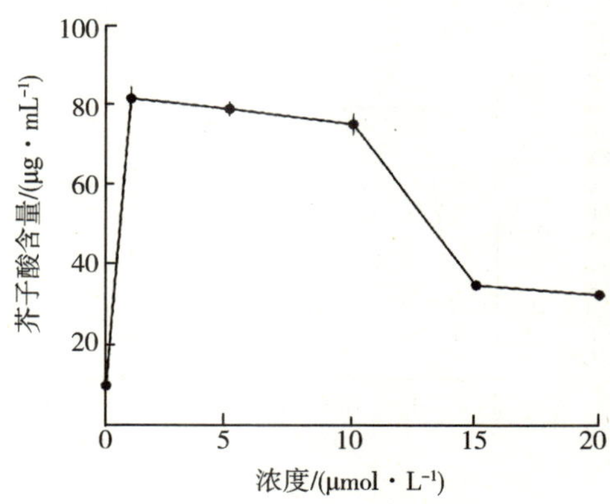

f.Ag

图 5－14　诱导浓度对菊芋悬浮细胞中芥子酸含量的影响

5.2.2.13 诱导浓度对菊芋悬浮细胞中4－羟基香豆素含量的影响

如图5－15所示,不同浓度的MeJA处理对菊芋悬浮细胞中4－羟基香豆素含量具有普遍诱导作用,特别是50～200 μmol/L效果显著,其中200 μmol/L时4－羟基香豆素含量达到最高,为(864.23±36.47) μg/mL,为对照[(14.24±0.60) μg/mL]的60.69倍。SA的不同浓度处理使得细胞中4－羟基香豆素含量随浓度增加而逐渐减小。KJT处理中120 mg/L时细胞中4－羟基香豆素含量增加最为显著,含量最高达(714.05±30.13) μg/mL,为对照[(40.22±1.70) μg/mL]的17.75倍,其余浓度处理变化不显著。YE各浓度的处理均增加了细胞中4－羟基香豆素含量,随浓度增加其增加效果显著,1 mg/L处理的细胞中4－羟基香豆素含量最高,为(193.46±7.87) μg/mL[对照为(31.29±1.27) μg/mL]。30～120 mg/L的Tv对悬浮细胞中4－羟基香豆素含量具有显著诱导作用,并且90 mg/L时4－羟基香豆素含量最高,为(280.05±11.39) μg/mL[对照为(111.64±0.26) μg/mL]。Ag诱导处理的浓度梯度中,5 μmol/L的诱导效果最为显著,4－羟基香豆素含量最高,为(1 474.74±22.60) μg/mL[对照为(329.25±5.05) μg/mL],10～20 μmol/L处理时也有较好的诱导效果。

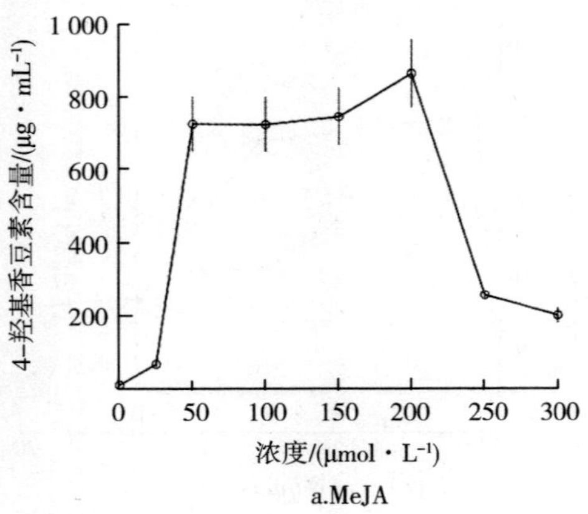

a.MeJA

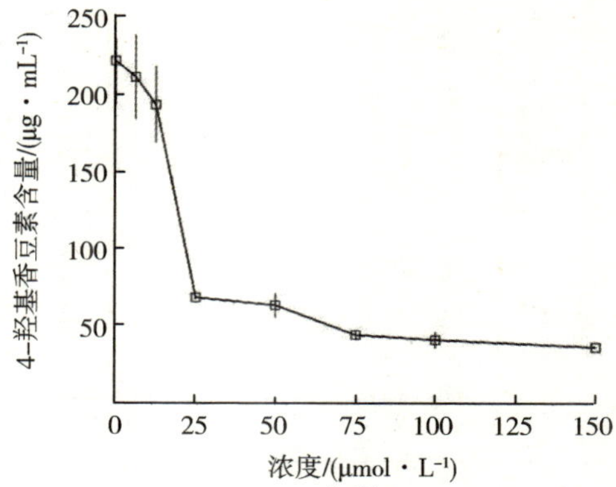
4-羟基香豆素含量/(μg · mL-1)
250
200
150
100
50
0
25
50
75
100
125
150
浓度/(μmol · L-1)

b.SA

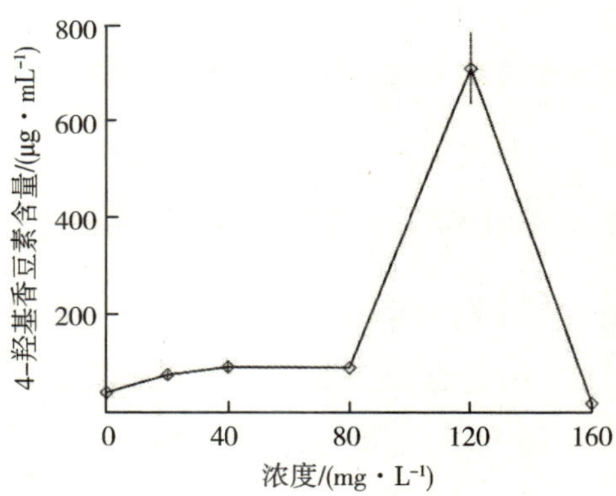
4-羟基香豆素含量/(μg · mL-1)
800
600
400
200
0
40
80
120
160
浓度/(mg · L-1)

c.KJT

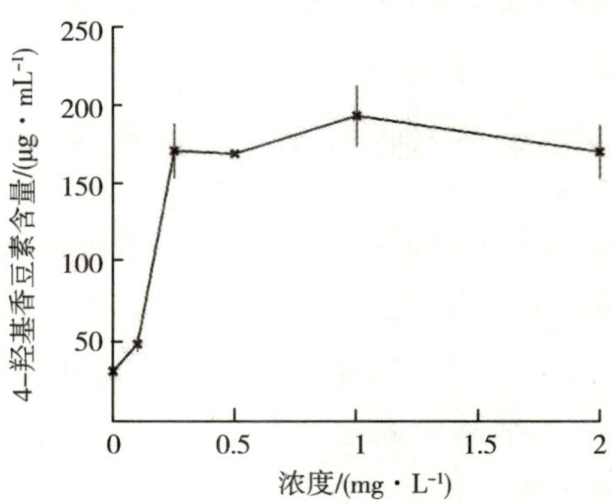
4-羟基香豆素含量/(μg · mL-1)
250
200
150
100
50
0
0.5
1
1.5
2
浓度/(mg · L-1)

d.YE

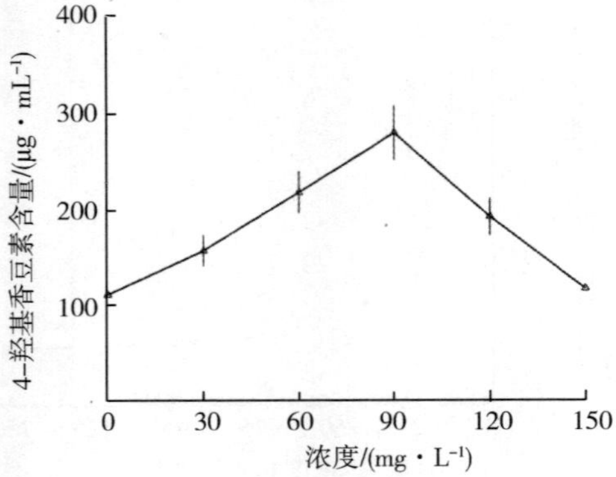

e.Tv

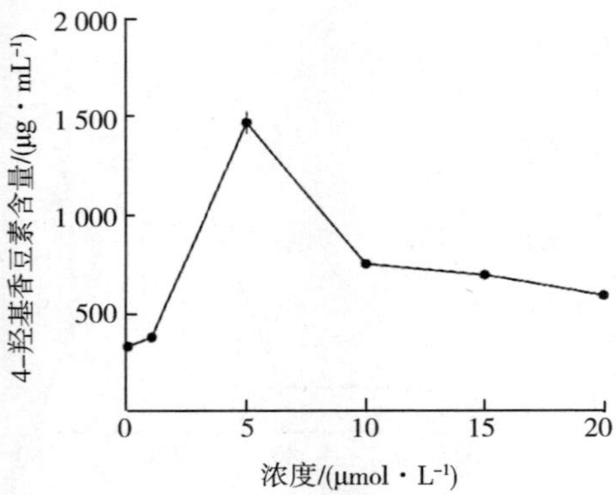

f.Ag

图 5－15　诱导浓度对菊芋悬浮细胞中 4－羟基香豆素含量的影响

5.2.2.14　诱导浓度对菊芋悬浮细胞中槲皮素含量的影响

如图 5－16 所示，不同浓度的 MeJA 处理对菊芋悬浮细胞中槲皮素含量具有普遍诱导效应，含量均高于对照，50～300 μmol/L 处理时细胞中槲皮素含量变化不显著，最高达(368.60±15.55) μg/mL[对照为(206.65±8.72) μg/mL]。各浓度 SA 处理均增加了细胞中槲皮素含量，低浓度诱导处理作用更显著，12.5 μmol/L 处理细胞中槲皮素含量最高，为(431.66±22.45) μg/mL[对照为(142.40±7.41) μg/mL]。KJT 处理中随浓度增加细胞中槲皮素含量也增加，120 mg/L 处理下细胞中槲皮素含量最高，为(506.66±21.38) μg/mL[对照为(145.63±6.14) μg/mL]，随后降低到对照之下。YE 处理仅 0.1～0.25 mg/L 时细胞中槲皮素含量显著增加，其余处理浓度变化不显著，最高含量[(510.75±

20.78) μg/mL,对照为(109.12 ±4.44) μg/mL]出现在0.25 mg/L处理中。各浓度的 Tv 处理均可增加悬浮细胞中槲皮素的含量,60 mg/L 和 90 mg/L 处理后槲皮素含量变化不显著,最高为(725.05 ±29.50) μg/mL[对照为(291.12 ±1.36) μg/mL]。Ag 对悬浮细胞中槲皮素含量具有普遍诱导作用,槲皮素含量在 5 μmol/L 时达到最高,为(632.74 ±9.70) μg/mL[对照为(358.97 ±5.50) μg/mL]。

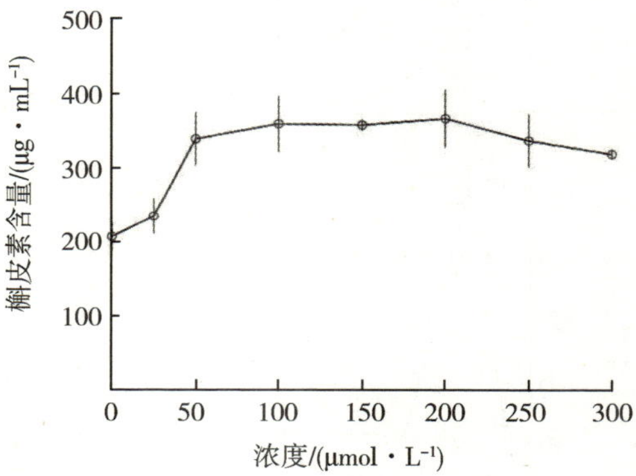

a.MeJA

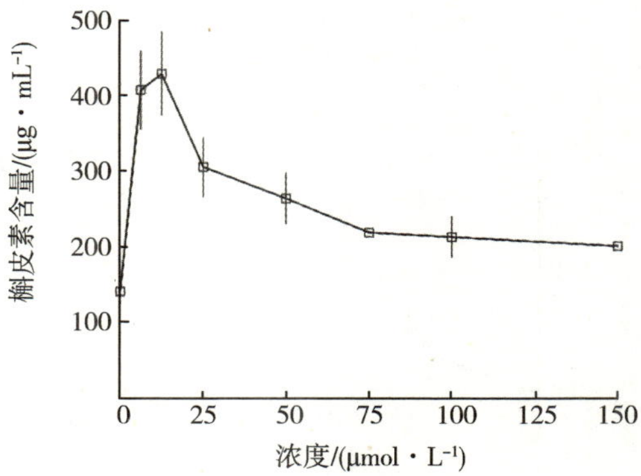

b.SA

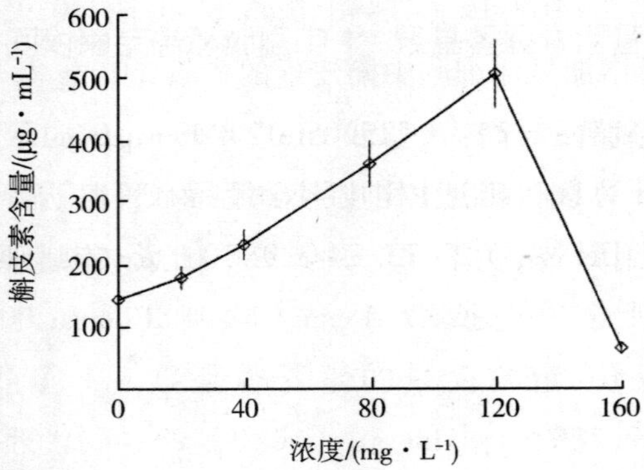
600
500
400
300
200
100
槲皮素含量/(μg・mL⁻¹)
0
40
80
120
160
浓度/(mg・L⁻¹)

c.KJT

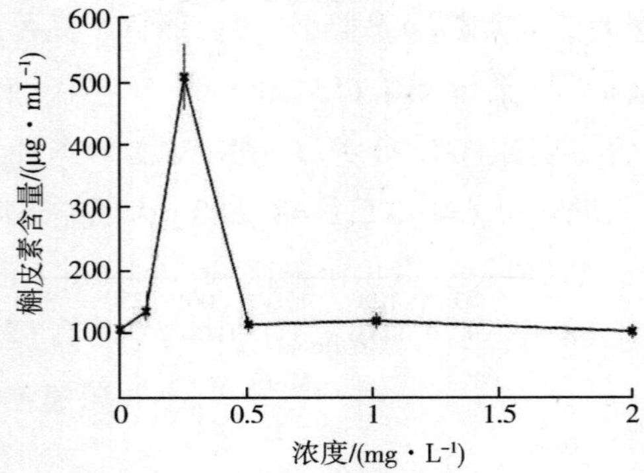
600
500
400
300
200
100
槲皮素含量/(μg・mL⁻¹)
0
0.5
1
1.5
2
浓度/(mg・L⁻¹)

d.YE

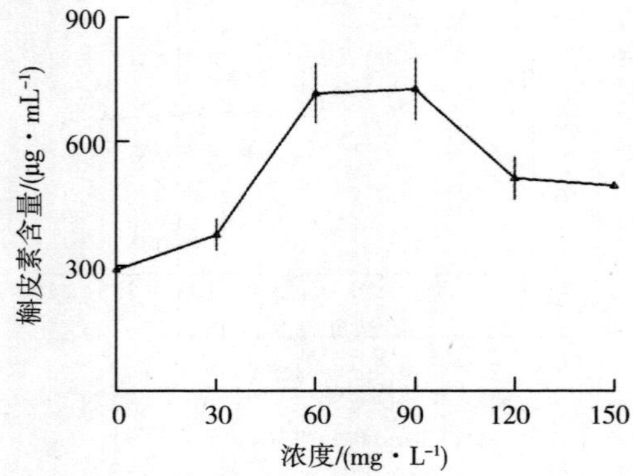
900
600
300
槲皮素含量/(μg・mL⁻¹)
0
30
60
90
120
150
浓度/(mg・L⁻¹)

e.Tv

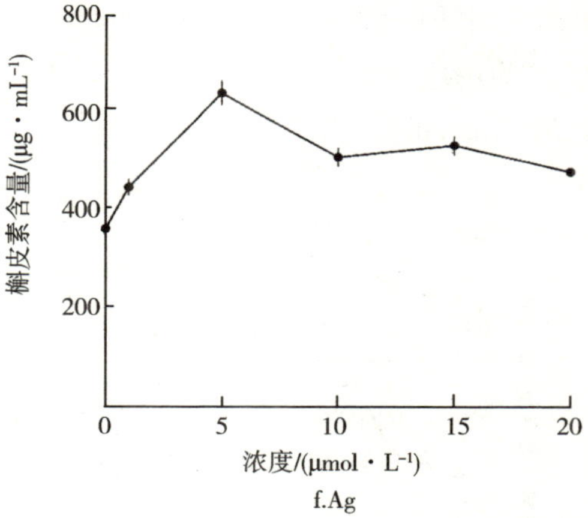

图 5－16 诱导浓度对菊芋悬浮细胞中槲皮素含量的影响

5.2.3 诱导时间对菊芋悬浮细胞中 14 种酚类物质含量的影响

根据不同诱导浓度处理后总酚含量测定的结果，采用 UPLC 法对最高总酚含量处理浓度下诱导子不同时间处理后菊芋悬浮细胞中 14 种酚类物质进行了含量测定。

5.2.3.1 诱导时间对菊芋悬浮细胞中没食子酸含量的影响

如图 5－17 所示，300 μmol/L MeJA 处理中，没食子酸含量均显著高于对照，在诱导 6 d 的细胞中获得了最高没食子酸含量，为(62.32 ±0.71) μg/mL[对照为(26.84 ±0.88) μg/mL]。100 μmol/L SA 处理中，各个处理时间点细胞中没食子酸含量均增加，15 d 时含量达到最高，为(512.14 ±7.80) μg/mL，为对照[(58.19 ±0.89) μg/mL]的 8.80 倍。80 mg/L KJT 处理中，仅 18 d 时没食子酸含量高于对照，为(67.70 ±2.39) μg/mL[对照为(56.98 ±2.01) μg/mL]。1 mg/L YE 处理中，处理 6～15 d 的细胞中没食子酸含量显著高于对照，最高含量出现在处理 9 d 的细胞中，为(104.32 ±5.46) μg/mL[对照为(29.15 ±2.57) μg/mL]。90 mg/L Tv 处理中，仅处理 9 d 的细胞中没食子酸含量[(82.59 ±2.54) μg/mL]显著高于对照，其余处理时间点没食子酸均含量减小。5 μmol/L Ag 处理中,长时间的诱导处理可显著增加菊芋悬浮细胞中没食子酸含量,在处理 15 d 的细胞中其含量达到最高,为(135.56 ± 3.40) μg/mL [对照为(28.25 ±4.26) μg/mL]。

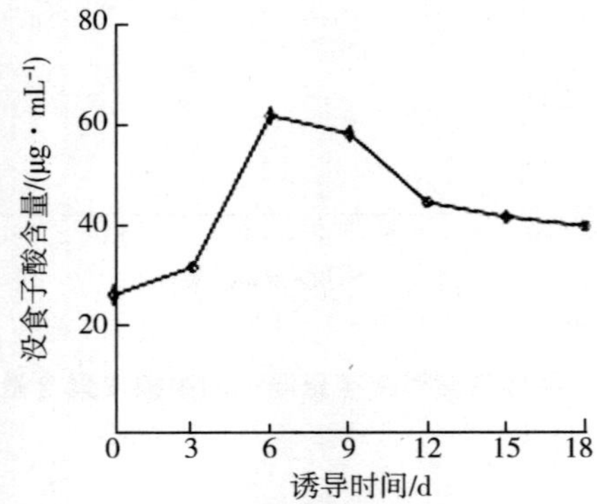

a.MeJA(300 μmol · L^{-1})

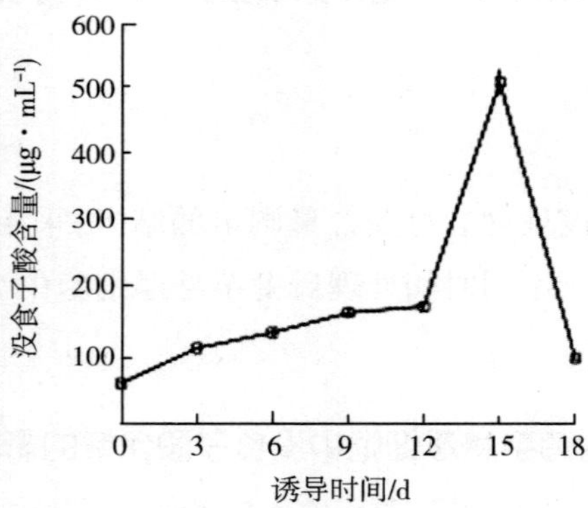

b.SA(100 μmol · L^{-1})

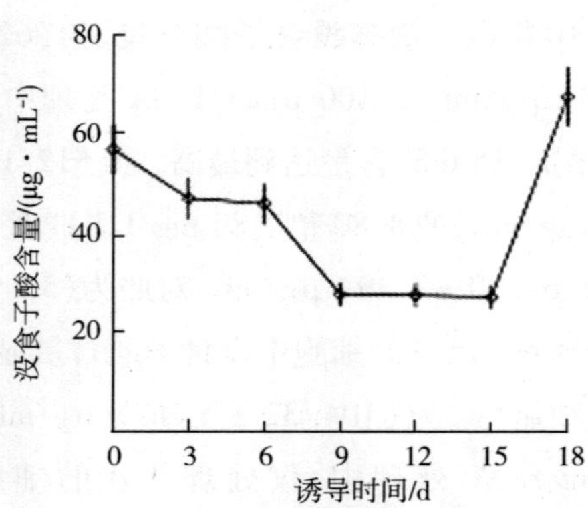

c.KJT(80 mg · L^{-1})

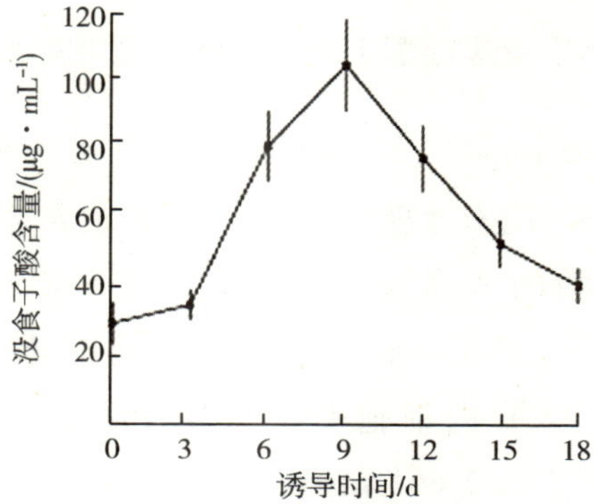

d.YE(1 mg·L^{-1})

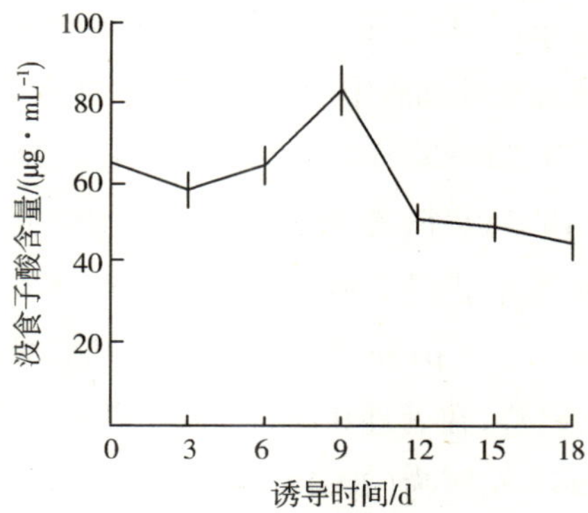

e.Tv(90 mg·L^{-1})

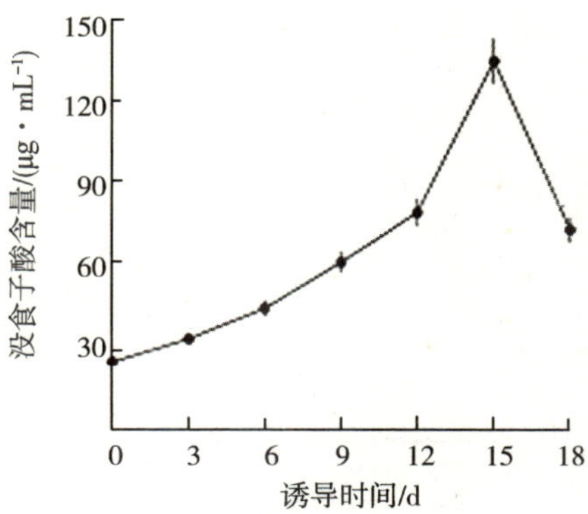

f.Ag(5 μmol·L^{-1})

图5－17 诱导时间对菊芋悬浮细胞中没食子酸含量的影响

5.2.3.2 诱导时间对菊芋悬浮细胞中原儿茶酸含量的影响

如图 5－18 所示，300 μmol/L MeJA 处理的各时间点菊芋悬浮细胞中原儿茶酸含量均显著高于对照，随着处理时间的延长，含量先增后减，在处理 6 d 的细胞中获得了原儿茶酸的最高含量，为(83.82 ± 0.96) μg/mL［对照为(27.92 ± 0.32) μg/mL］。100 μmol/L SA 处理中，各时间点的细胞中原儿茶酸含量均高于对照，处理 15 d 的细胞中原儿茶酸含量最高，达到(604.57 ± 9.20) μg/mL［对照为(87.72 ± 2.86) μg/mL］。80 mg/L KJT 处理不同时间的结果显示，仅处理 18 d 的细胞中原儿茶酸含量高于对照，为(60.60 ± 2.14) μg/mL［对照为(53.95 ± 1.90) μg/mL］，其余时间点细胞中含量均低。1 mg/L YE 处理中，长时间诱导对于增加悬浮细胞中原儿茶酸含量效果显著，处理 15 d 的细胞中获得了最高含量，为(61.27 ± 3.21) μg/mL［对照为(15.05 ± 2.36) μg/mL］。90 mg/L Tv 处理中，除 18 d 以外，各处理时间点细胞中原儿茶酸含量均显著高于对照，在处理 6 d 的细胞中获得了最高含量，为(82.87 ± 2.55) μg/mL［对照为(35.18 ± 1.08) μg/mL］。5 μmol/L Ag 处理中，随着处理时间的增加细胞中原儿茶酸含量呈增加的趋势，在处理 9 d 的细胞中获得了原儿茶酸的最高含量，为(98.06 ± 2.46) μg/mL［对照为(20.14 ± 5.00) μg/mL］。

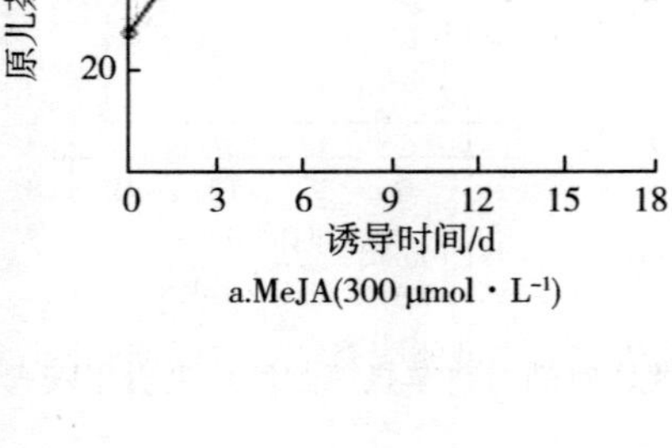

a.MeJA(300 μmol · L^{-1})

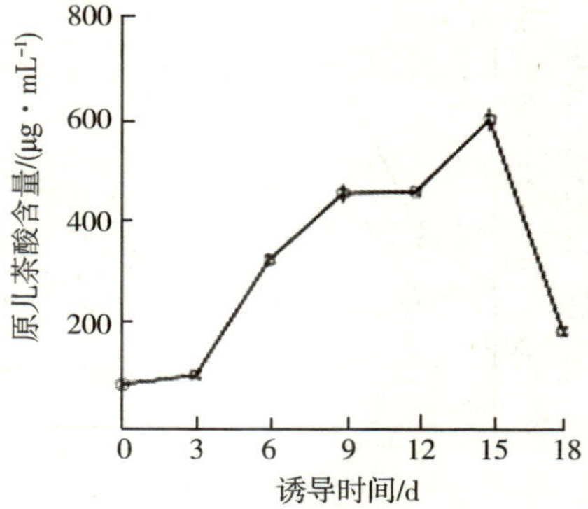

b.SA(100 μmol・L⁻¹)

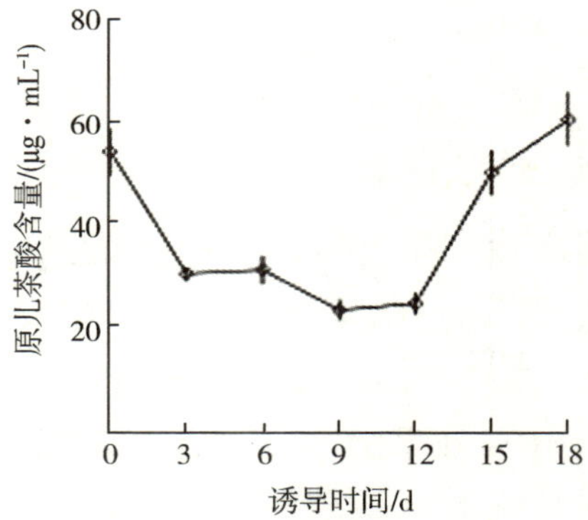

c.KJT(80 mg・L⁻¹)

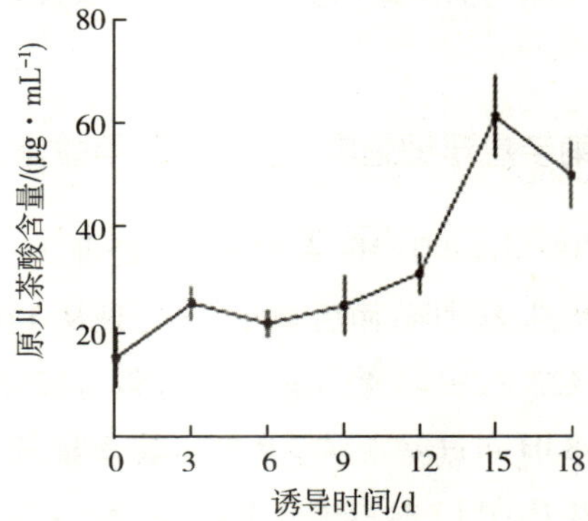

d.YE(1 mg・L⁻¹)

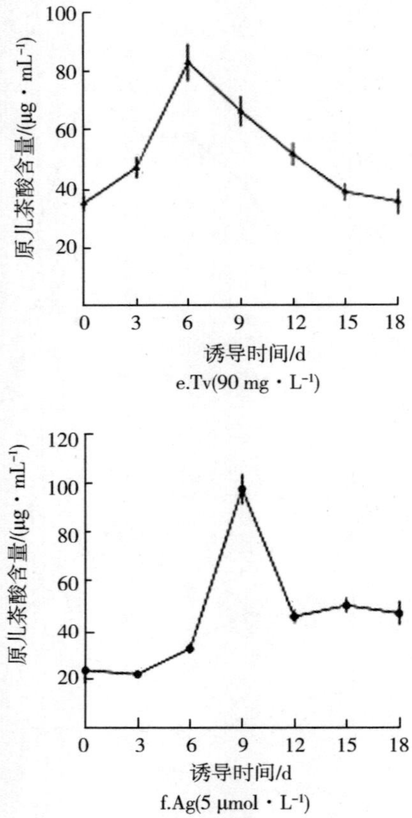

图 5－18　诱导时间对菊芋悬浮细胞中原儿茶酸含量的影响

5.2.3.3　诱导时间对菊芋悬浮细胞中 4－羟基苯甲酸含量的影响

如图 5－19 所示，300 μmol/L MeJA 处理中，处理 3～12 d 的菊芋悬浮细胞中 4－羟基苯甲酸含量均高于对照，而后减小，在处理 9 d 的细胞中获得 4－羟基苯甲酸的最高含量，为(422.31 ±4.84) μg/mL［对照为(293.67 ±3.37) μg/mL］。100 μmol/L SA 处理的各时间点对 4－羟基苯甲酸含量具有显著诱导作用，在诱导处理 9 d 的细胞中获得了最高含量，为(313.64 ±4.77) μg/mL［对照为(107.27 ±4.68) μg/mL］。80 mg/L KJT 和 1 mg/L YE 处理的各时间点对 4－羟基苯甲酸含量无显著增加作用。90 mg/L Tv 处理不同时间的结果显示，3～18 d的处理均可增加细胞中 4－羟基苯甲酸含量，处理 15 d 的细胞中含量最高，为(515.36 ±15.85) μg/mL［对照为(296.80 ±12.20) μg/mL］。5 μmol/L Ag

具有短时诱导效应，3～9 d处理的细胞中4－羟基苯甲酸含量高于对照，9 d时4－羟基苯甲酸含量最高，为（367.24 ± 9.21） μg/mL［对照为（192.08 ± 9.83） μg/mL］，随后降低。

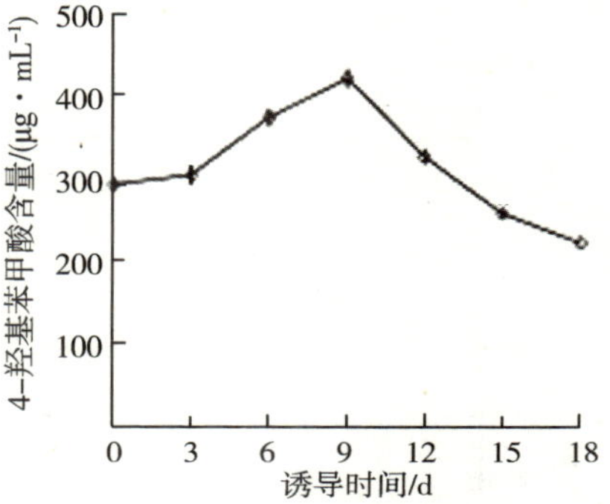

a.MeJA(300 μmol・L^{-1})

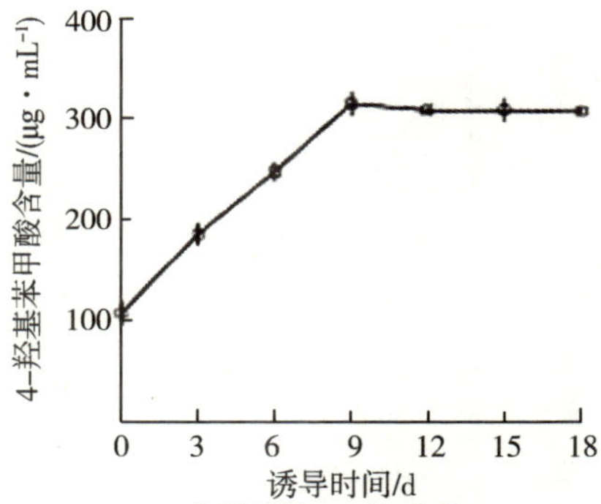

b.SA(100 μmol・L^{-1})

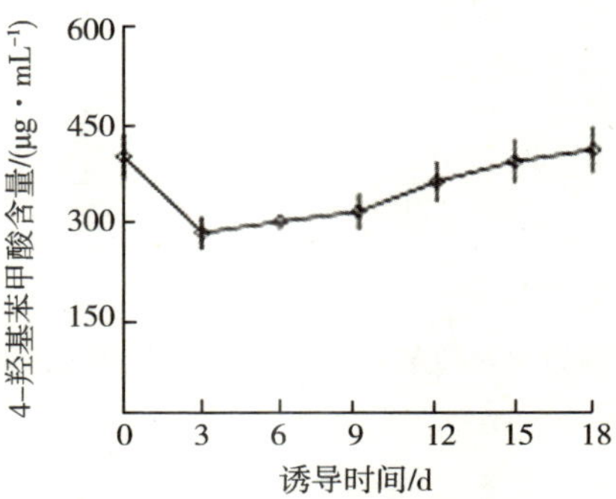

c.KJT(80 mg・L^{-1})

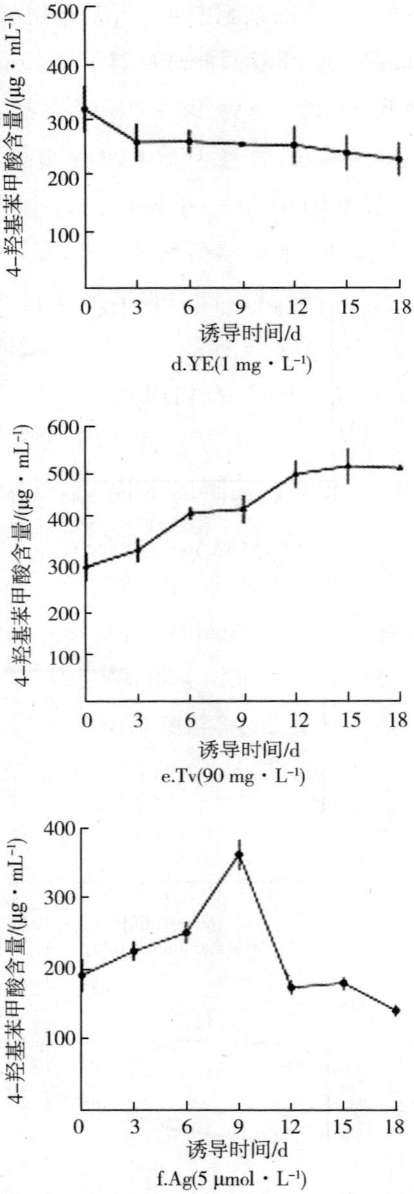

图 5－19　诱导时间对菊芋悬浮细胞中 4－羟基苯甲酸含量的影响

5.2.3.4　诱导时间对菊芋悬浮细胞中儿茶素含量的影响

如图 5－20 所示，300 μmol/L MeJA 处理中 3～12 d 处理的菊芋悬浮细胞中儿茶素的含量显著高于对照,诱导处理 12 d 的细胞中儿茶素含量达到最高,为(550.50 ±6.31) μg/mL[对照为(167.89 ±6.51) μg/mL]。100 μmol/L SA 处理 6 d 时细胞中儿茶素含量显著增加到最高值,为(459.26 ±6.99) μg/mL,为对照[(28.35 ±0.43) μg/mL]的 16.20 倍。80 mg/L KJT 处理中,处理 9 d 和 12 d 的细胞中儿茶素含量显著增加,9 d 时含量最高,为(129.62 ±4.57) μg/mL [对照为(74.74 ±2.63) μg/mL]。1 mg/L YE 处理的各时间点细胞中儿茶素含量均显著增加,处理 9 d 时含量达到最高,为(129.69 ±6.79) μg/mL[对照为(24.54 ±6.52) μg/mL]。90 mg/L Tv 处理中,悬浮细胞中儿茶素含量随处理时间的增加而缓慢增加,在处理 15 d 的细胞中检测到含量最高,为(148.98 ±4.58) μg/mL[对照为(115.37 ±3.55) μg/mL]。5 μmol/L Ag 处理的细胞中,各时间点儿茶素含量均增加,处理 6 d 时儿茶素含量达到最高,为(156.32 ±3.92) μg/mL[对照为(65.86 ±2.91) μg/mL]。

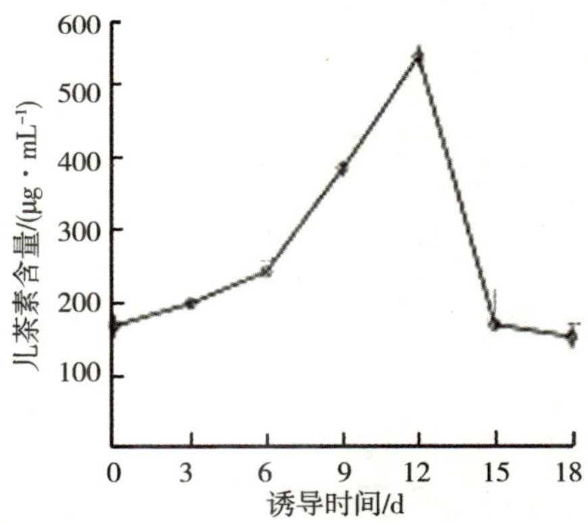

a.MeJA(300 μmol · L⁻¹)

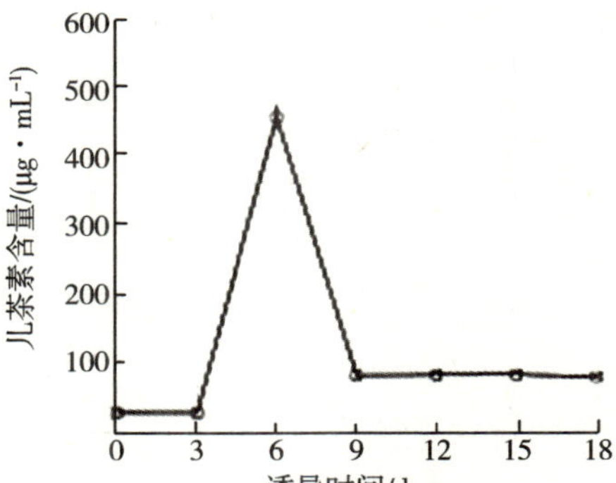

b.SA(100 μmol · L⁻¹)

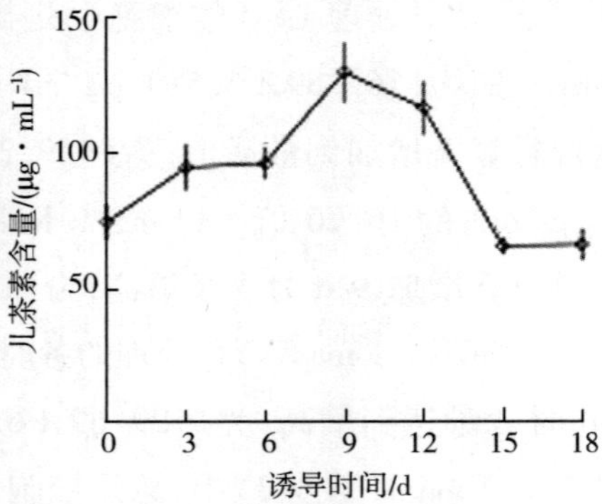

c.KJT(80 mg·L^{-1})

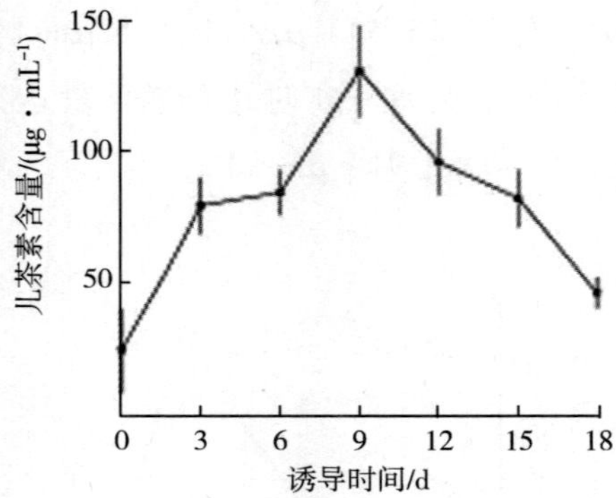

d.YE(1 mg·L^{-1})

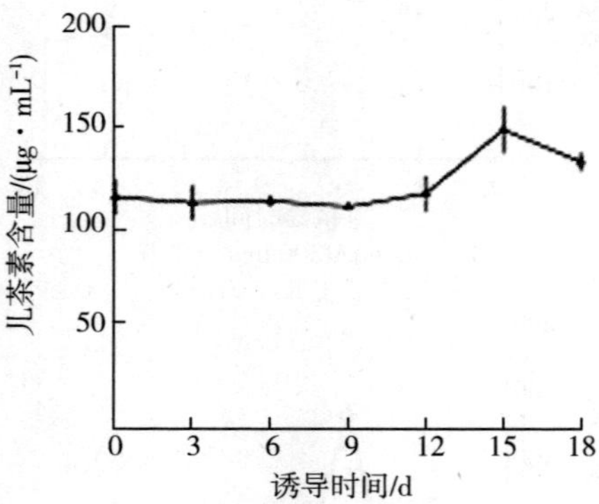

e.Tv(90 mg·L^{-1})

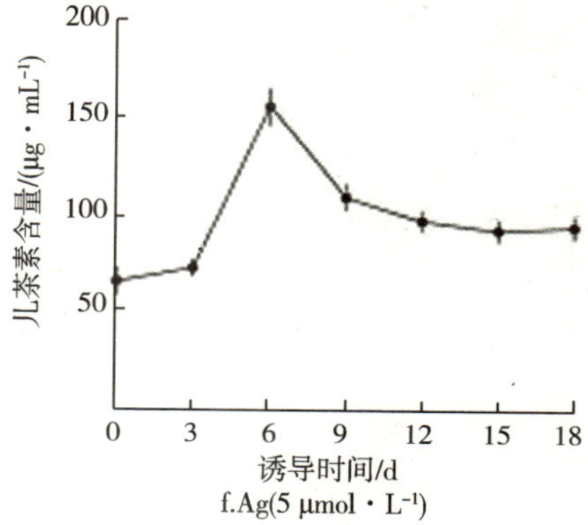

图 5-20 诱导时间对菊芋悬浮细胞中儿茶素含量的影响

5.2.3.5 诱导时间对菊芋悬浮细胞中绿原酸含量的影响

如图 5-21 所示，300 μmol/L MeJA 处理 6～12 d 的菊芋悬浮细胞中绿原酸含量增加，处理 9 d 的细胞中含量最高，为(529.47 ± 6.07) μg/mL[对照为(233.75 ± 8.42) μg/mL]，其余处理时间点含量均减小。100 μmol/L SA 处理 6 d显著增加了细胞中绿原酸含量，达到(494.16 ± 7.52) μg/mL，为对照[(19.90 ± 0.30) μg/mL]的 24.83 倍。80 mg/L KJT 处理 9 d 和 12 d 的悬浮细胞中获得了较高含量的绿原酸，最高为(171.29 ± 6.04) μg/mL[对照为(67.53 ± 2.38) μg/mL]。1 mg/L YE 处理 9 d 和 5 μmol/L Ag 处理 6 d 的菊芋悬浮细胞中分别获得绿原酸最高含量，分别为(567.44 ± 29.69) μg/mL[对照为(87.26 ± 4.57) μg/mL]和(140.15 ± 3.52) μg/mL[对照为(74.89 ± 2.88) μg/mL]。90 mg/L Tv处理中，长时间诱导可提高细胞中绿原酸的含量，处理15 d时含量最高，为(333.14 ± 10.25) μg/mL[对照为(20.74 ± 3.71) μg/mL]。

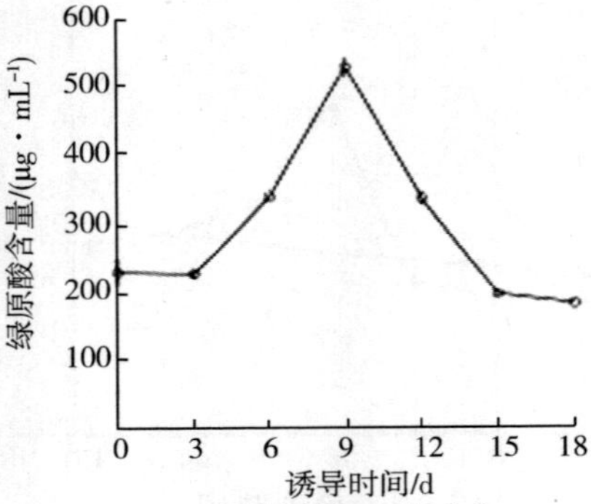

a.MeJA(300 μmol · L^{-1})

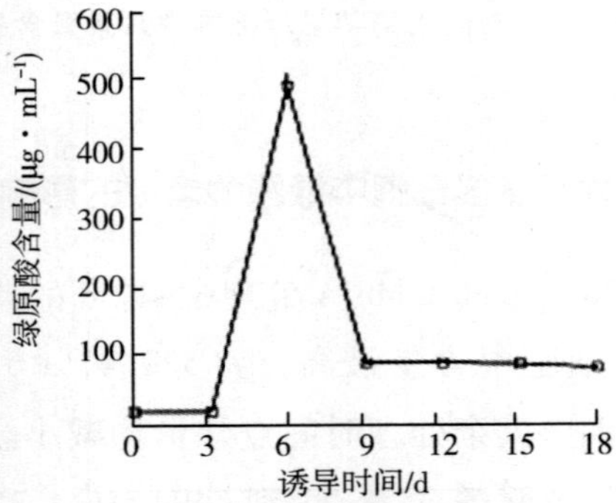

b.SA(100 μmol · L^{-1})

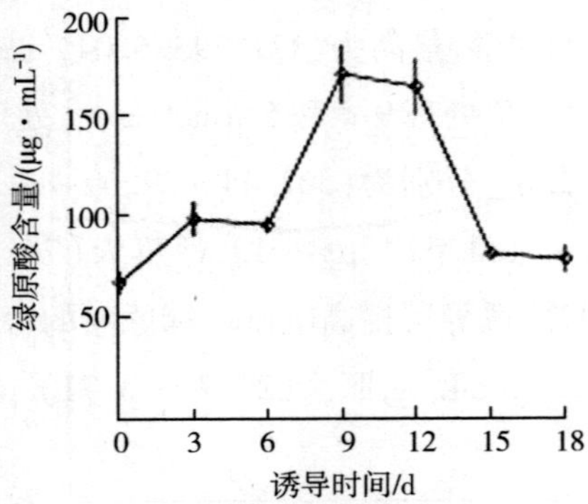

c.KJT(80 mg · L^{-1})

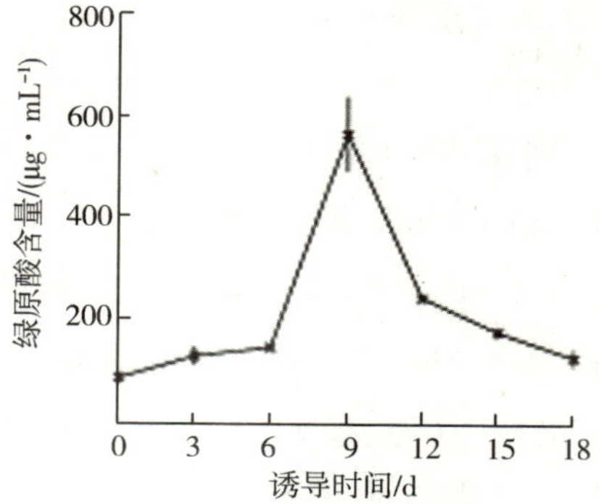

d.YE(1 mg·L⁻¹)

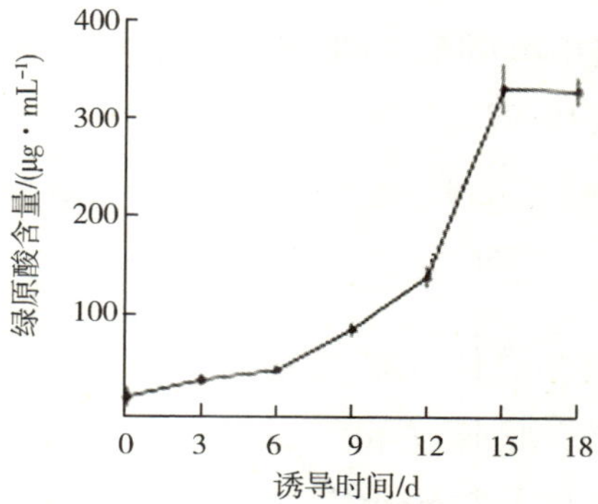

e.Tv(90 mg·L⁻¹)

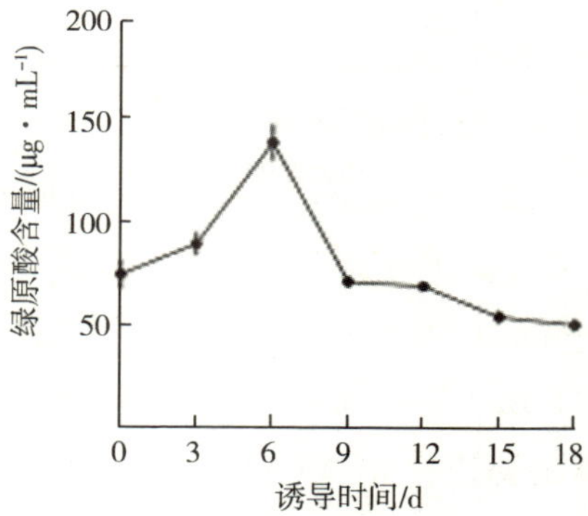

f.Ag(5 μmol·L⁻¹)

图 5－21　诱导时间对菊芋悬浮细胞中绿原酸含量的影响

5.2.3.6　诱导时间对菊芋悬浮细胞中咖啡酸含量的影响

如图 5－22 所示,300 μmol/L MeJA 处理中,9 d 和 12 d 的菊芋悬浮细胞中

咖啡酸含量显著高于对照,最高值在 9 d 的细胞中出现,为(65.49 ±0.75) μg/mL[对照为(47.01 ±1.69) μg/mL],其余时间点含量均低于对照。100 μmol/L SA 和 1 mg/L YE 处理中,分别在处理 6 d 和 9 d 的悬浮细胞中出现咖啡酸的最高含量,分别为(95.28 ±1.45) μg/mL[对照为(7.24 ±0.11) μg/mL]、(154.68 ±8.09) μg/mL[对照为(19.15 ±1.00) μg/mL]。80 mg/L KJT 处理中,各处理时间点均增加了咖啡酸含量,处理 12 d 的细胞中获得了咖啡酸的最高含量,为(30.05 ±1.06) μg/mL[对照为(18.22 ±0.64) μg/mL]。90 mg/L Tv 处理中,随着处理时间的增加,细胞中咖啡酸含量有所增加,处理 15 d 时含量最高,为(75.79 ±2.33) μg/mL[对照为(25.29 ±0.78) μg/mL]。5 μmol/L Ag 诱导处理中,3 ~ 15 d 的细胞中咖啡酸含量均增加,6 d 时含量最高,为(26.85 ±0.67) μg/mL[对照为(10.97 ±0.78) μg/mL]。

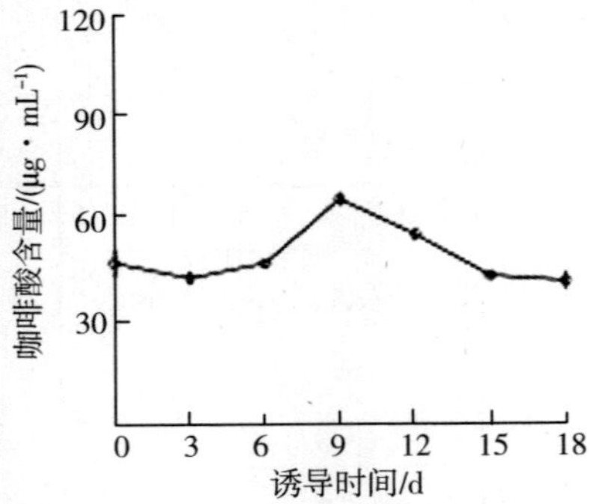

a.MeJA(300 μmol · L⁻¹)

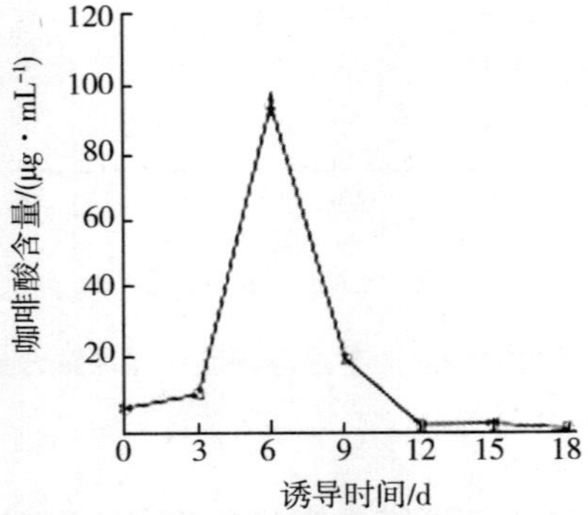

b.SA(100 μmol · L⁻¹)

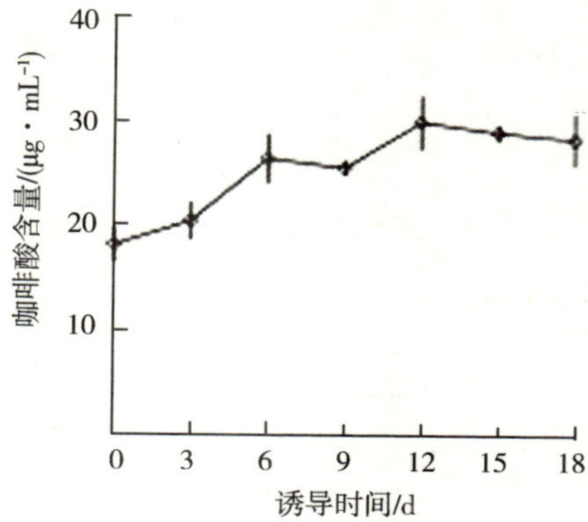

c.KJT(80 mg · L^{-1})

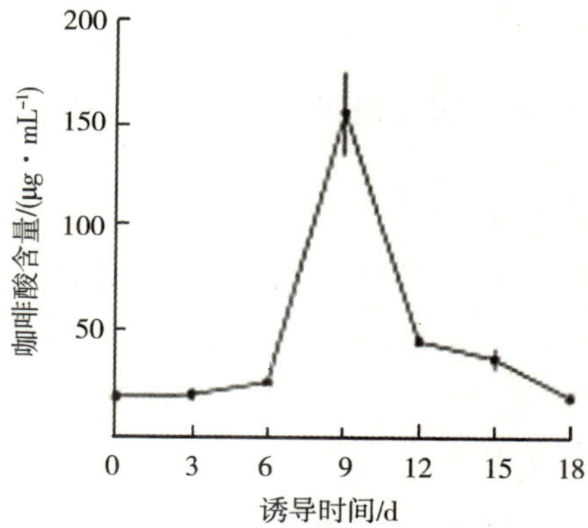

d.YE(1 mg · L^{-1})

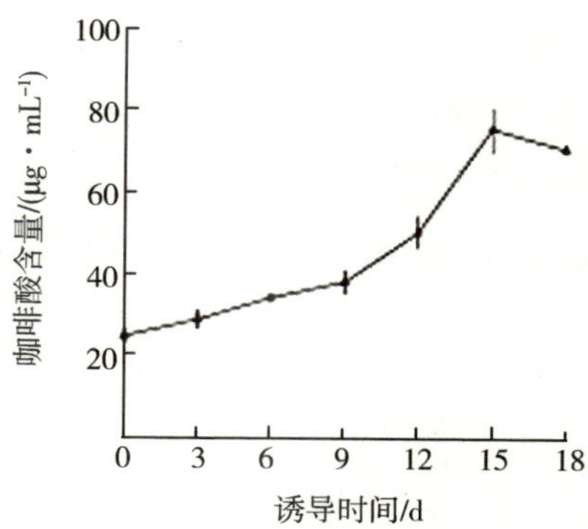

e.Tv(90 mg · L^{-1})

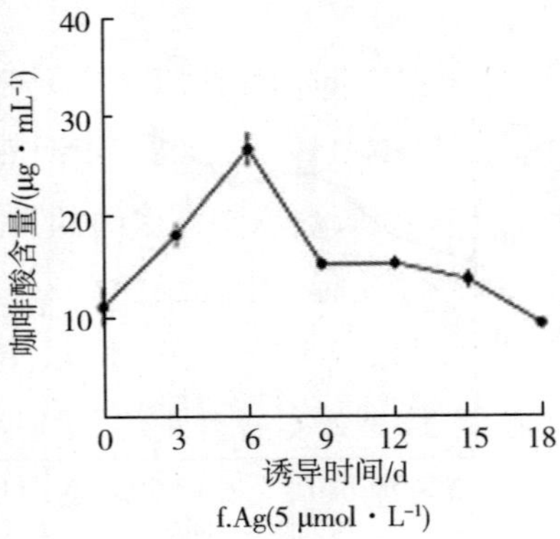

图 5-22　诱导时间对菊芋悬浮细胞中咖啡酸含量的影响

5.2.3.7　诱导时间对菊芋悬浮细胞中表儿茶素含量的影响

如图 5-23 所示,300 μmol/L MeJA 处理的菊芋悬浮细胞中,表儿茶素含量均高于对照,诱导处理 12 d 的细胞中含量最高,为(56.06±0.64) μg/mL[对照为(16.14±1.22) μg/mL]。100 μmol/L SA 处理中,处理 6 d 的细胞中表儿茶素含量显著增加,含量最高为(113.97±1.74) μg/mL[对照为(12.46±1.10) μg/mL]。80 mg/L KJT 和 90 mg/L Tv 处理下,随着处理时间增加,细胞中表儿茶素含量也有所增加,KJT 处理中表儿茶素的最高含量[(35.85±1.26) μg/mL,对照为(8.40±0.65) μg/mL]出现在 18 d 的细胞中,而 Tv 处理中最高含量[(66.94±2.06) μg/mL,对照为(21.12±0.65) μg/mL]出现在 15 d的细胞中。1 mg/L YE 处理中,处理 9 d 的细胞中表儿茶素含量显著增加,最高为(68.16±3.57) μg/mL[对照为(35.50±1.86) μg/mL],之后各时间点的含量均低于对照。5 μmol/L Ag 处理的菊芋悬浮细胞中各时间点表儿茶素含量均低于对照。

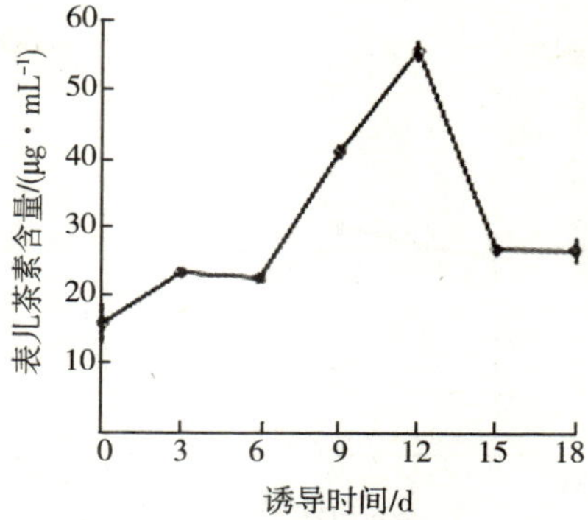

a.MeJA(300 μmol·L^{-1})

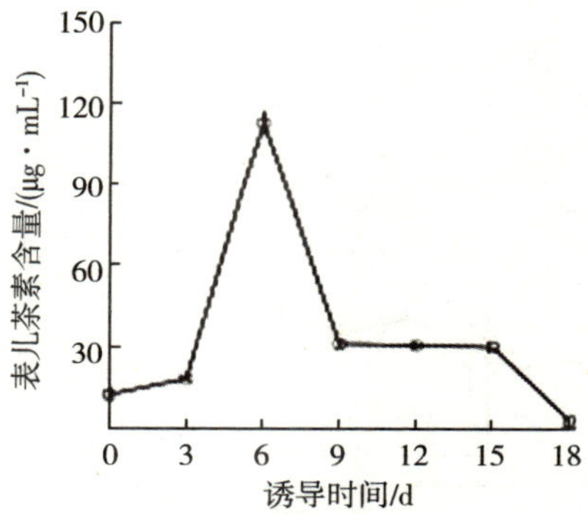

b.SA(100 μmol·L^{-1})

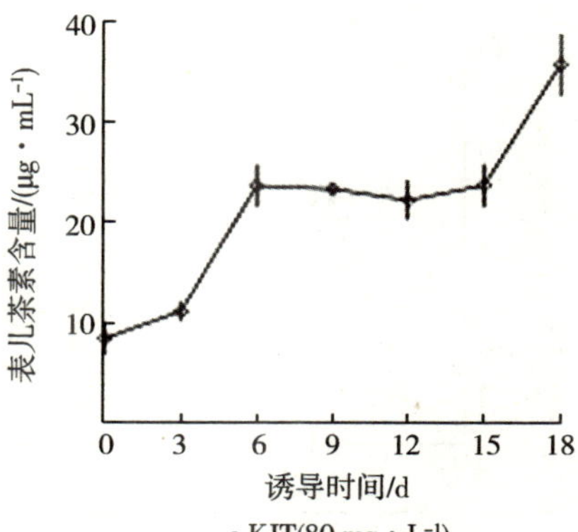

c.KJT(80 mg·L^{-1})

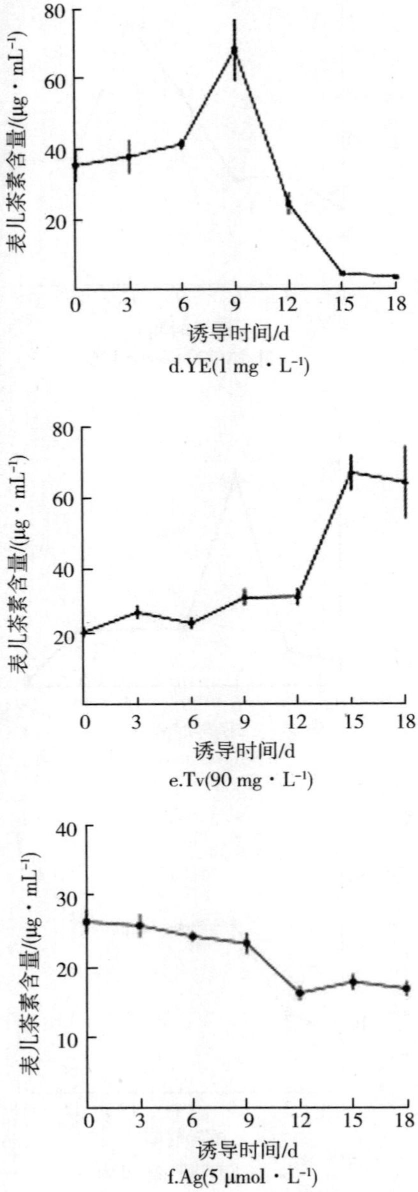

图 5－23　诱导时间对菊芋悬浮细胞中表儿茶素含量的影响

5.2.3.8　诱导时间对菊芋悬浮细胞中 SA 含量的影响

如图 5－24 所示，300 μmol/L MeJA 诱导处理 6 d 后的菊芋悬浮细胞中 SA

含量显著高于对照，处理 15 d 的细胞中 SA 含量最高，为(53.34 ±0.61) μg/mL[对照为(24.70 ±0.20) μg/mL]。100 μmol/L SA 处理 3 ~ 12 d 的细胞中 SA 含量增加缓慢，处理 15 d 的细胞中 SA 含量显著增加，为(51.39 ±0.78) μg/mL[对照为(20.05 ±0.76) μg/mL]。80 mg/L KJT 与 90 mg/L Tv 处理中，长时间的诱导处理显著增加了细胞中的 SA 含量，最高值分别出现在处理 18 d 和 15 d 的菊芋悬浮细胞中，为(37.58 ±1.32) μg/mL[对照为(24.78 ±0.87) μg/mL]、(61.03 ±1.88) μg/mL[对照为(12.97 ±0.40) μg/mL]。1 mg/L YE 处理 3 ~15 d的细胞中 SA 含量高于对照，随后 SA 含量显著减小，最高含量出现在处理 15 d 的细胞中，为(24.35 ±1.27) μg/mL[对照为(10.09 ±0.47) μg/mL]。5 μmol/L Ag 处理 6 d 的细胞中 SA 含量显著高于对照，细胞中 SA 含量最高为(14.82 ±0.37) μg/mL[对照为(9.91 ±0.33) μg/mL]。

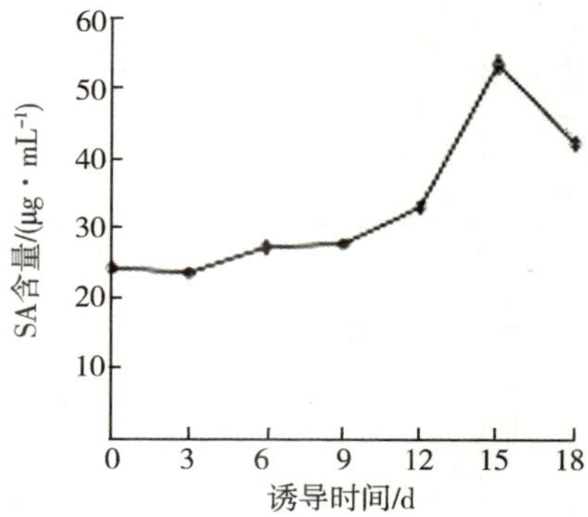

a.MeJA(300 μmol · L^{-1})

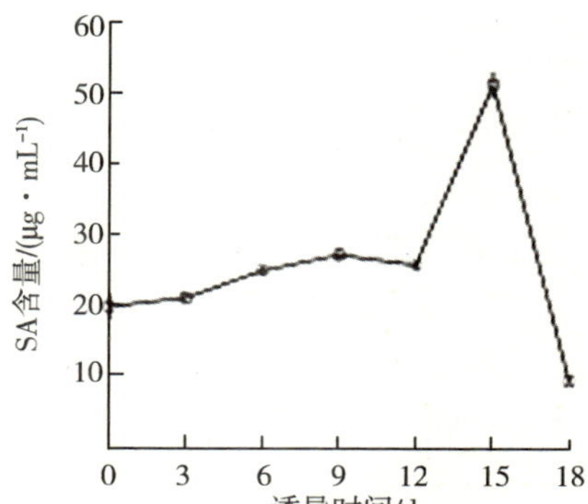

b.SA(100 μmol · L^{-1})

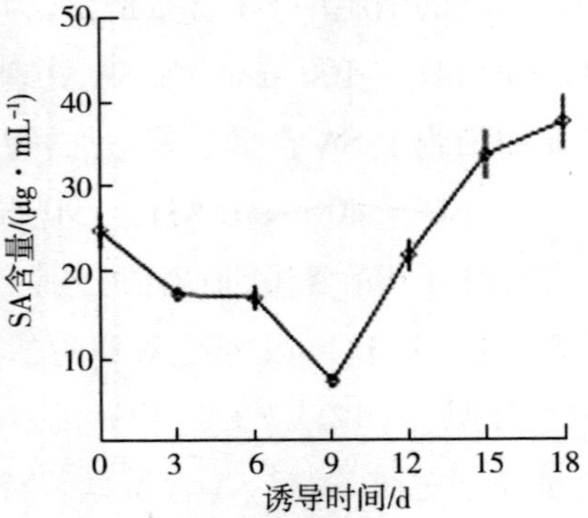

c.KJT(80 mg · L⁻¹)

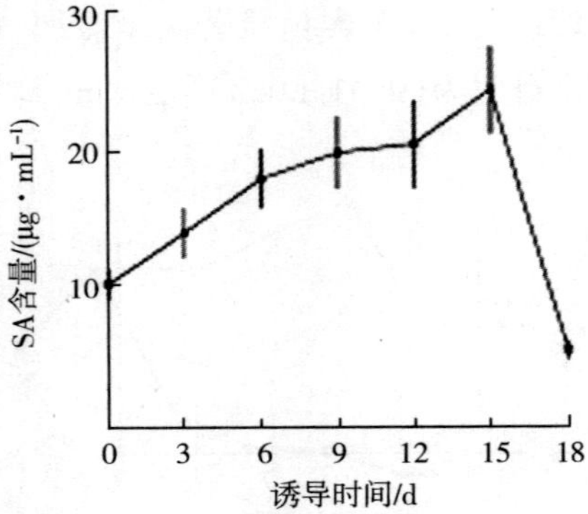

d.YE(1 mg · L⁻¹)

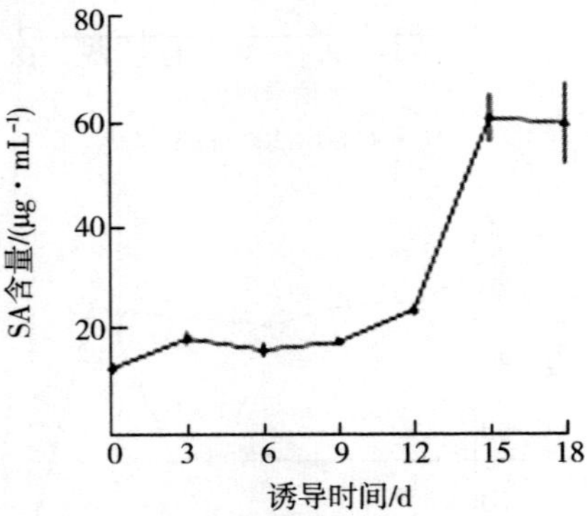

e.Tv(90 mg · L⁻¹)

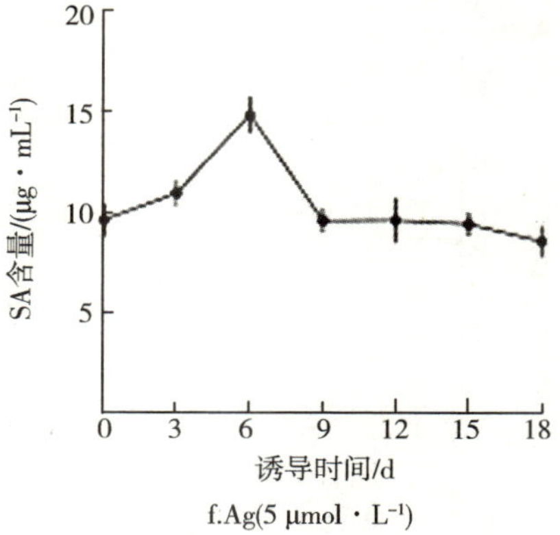

图 5－24　诱导时间对菊芋悬浮细胞中 SA 含量的影响

5.2.3.9　诱导时间对菊芋悬浮细胞中东莨菪内酯含量的影响

如图 5－25 所示，与对照相比，300 μmol/L MeJA 处理 12 d 的菊芋悬浮细胞中东莨菪内酯含量显著增加到（85.95 ± 0.99）μg/mL［对照为（37.03 ± 1.11）μg/mL］。100 μmol/L SA 处理 6 d 的细胞中东莨菪内酯含量显著增加，最高值为（40.09 ± 0.61）μg/mL［对照为（30.37 ± 0.46）μg/mL］，而后含量逐渐减小。80 mg/L KJT 的处理结果显示，长时间诱导有助于悬浮细胞中东莨菪内酯的积累，处理 18 d 时含量达到最高，为（37.49 ± 1.32）μg/mL［对照为（28.56 ± 1.01）μg/mL］。1 mg/L YE 处理 9～12 d 的细胞中东莨菪内酯含量显著高于对照，处理 9 d 的细胞中含量最高，为（94.18 ± 4.93）μg/mL［对照为（34.94 ± 2.35）μg/mL］。90 mg/L Tv 与 5 μmol/L Ag 的处理中，东莨菪内酯含量随处理时间的增加呈现相似的变化趋势，都在处理 15 d 的细胞中获得了最高含量，分别为（71.22 ± 2.19）μg/mL［对照为（43.74 ± 1.96）μg/mL］、（85.97 ± 2.16）μg/mL［对照为（27.46 ± 1.44）μg/mL］。

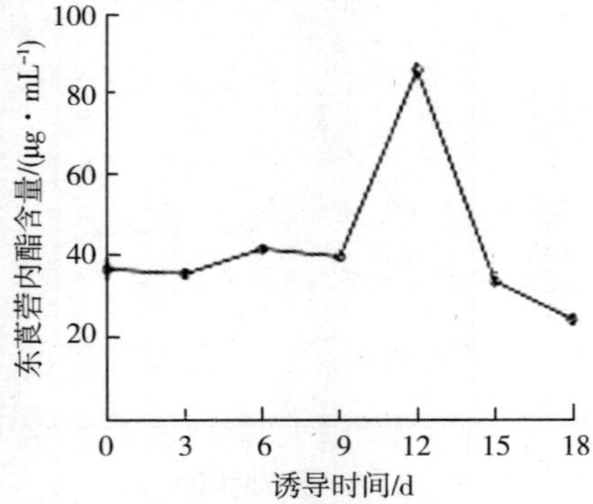

a.MeJA(300 μmol·L⁻¹)

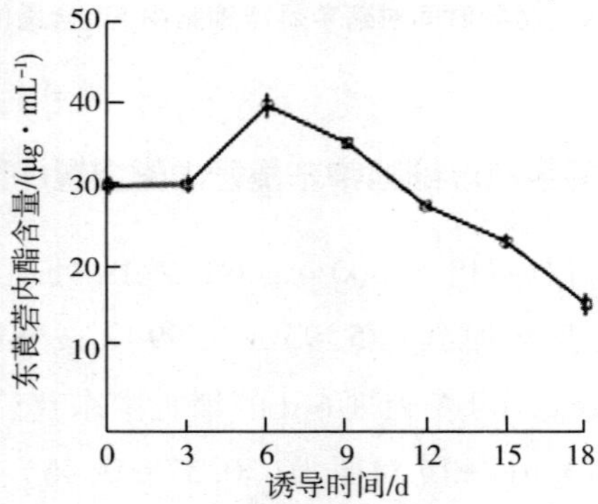

b.SA(100 μmol·L⁻¹)

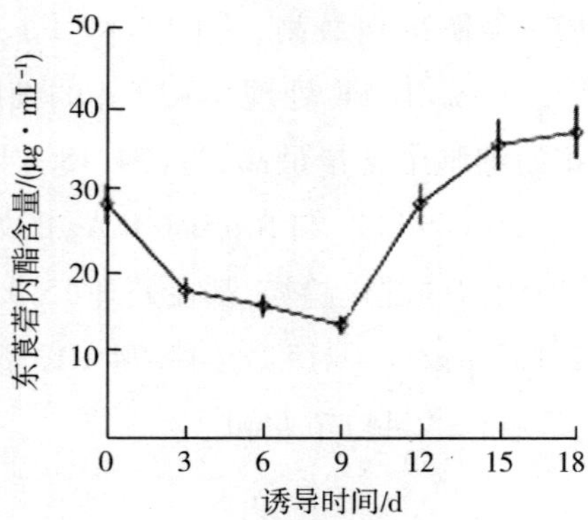

c.KJT(80 mg·L⁻¹)

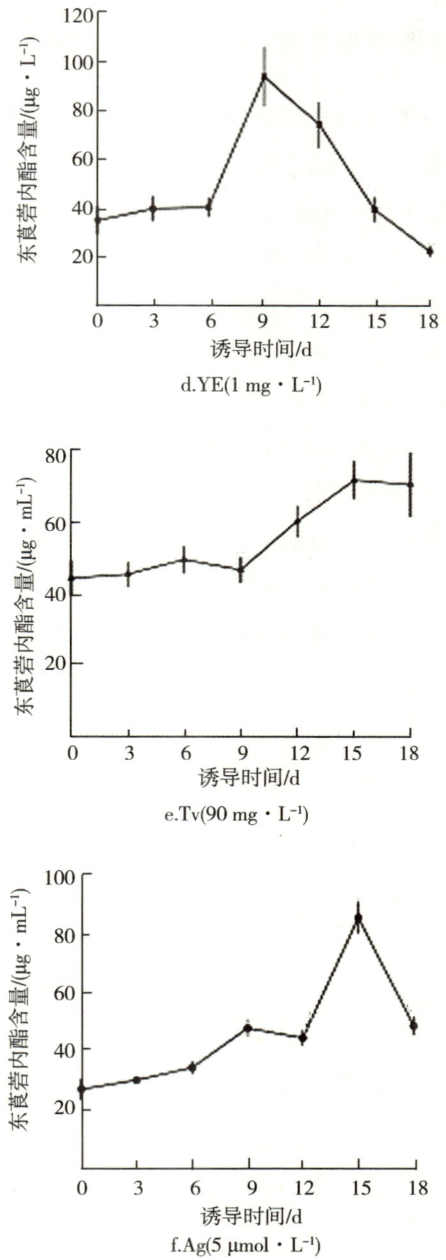

图 5－25 诱导时间对菊芋悬浮细胞中东莨菪内酯含量的影响

5.2.3.10 诱导时间对菊芋悬浮细胞中3-羟基肉桂酸含量的影响

如图5-26所示,300 μmol/L MeJA与100 μmol/L SA处理中,随着处理时间的增加菊芋悬浮细胞中3-羟基肉桂酸含量均有所增加,均在18 d时含量达到最高,分别为(51.33±0.59) μg/mL[对照为(3.77±0.11) μg/mL]、(26.34±0.40) μg/mL[对照为(11.96±0.18) μg/mL]。80 mg/L KJT处理6 d的细胞中3-羟基肉桂酸含量显著高于对照,最高值为(25.11±0.88) μg/mL[对照为(10.31±0.72) μg/mL]。1 mg/L YE处理9~15 d的细胞中3-羟基肉桂酸含量显著增加,其中最高含量出现在处理12 d的悬浮细胞中,为(57.38±3.00) μg/mL[对照为(16.38±0.86) μg/mL]。90 mg/L Tv的处理对于3-羟基肉桂酸的含量有长时间诱导作用,0~12 d的细胞中其含量增加缓慢,15~18 d的细胞中其含量显著高于对照,在处理15 d的细胞中其含量达到最高,为(21.16±0.65) μg/mL[对照为(2.81±0.40) μg/mL]。5 μmol/L Ag处理在各时间点对菊芋悬浮细胞中3-羟基肉桂酸的含量均无诱导作用,反而随时间延长使其含量降低。

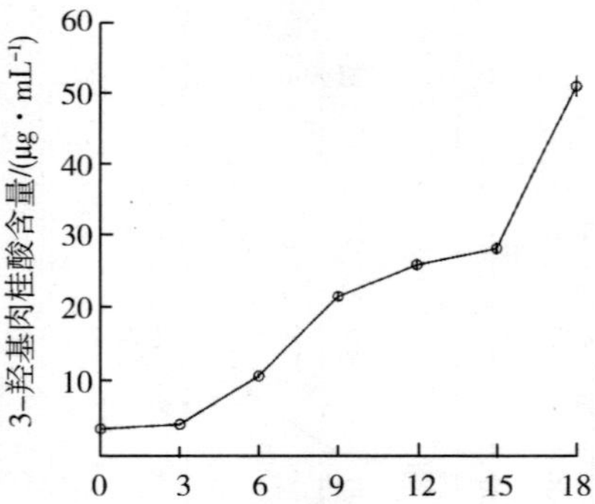

a.MeJA(300 μmol·L⁻¹)

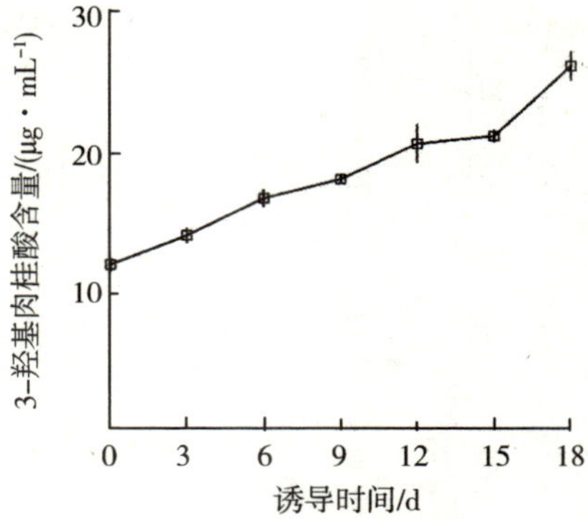

b.SA(100 μmol · L^{-1})

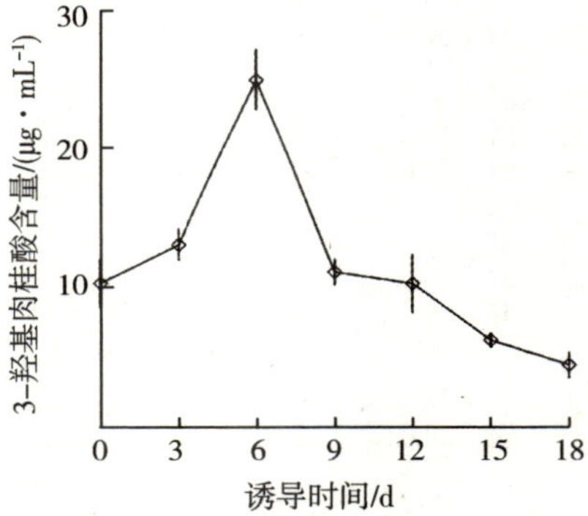

c.KJT(80 mg · L^{-1})

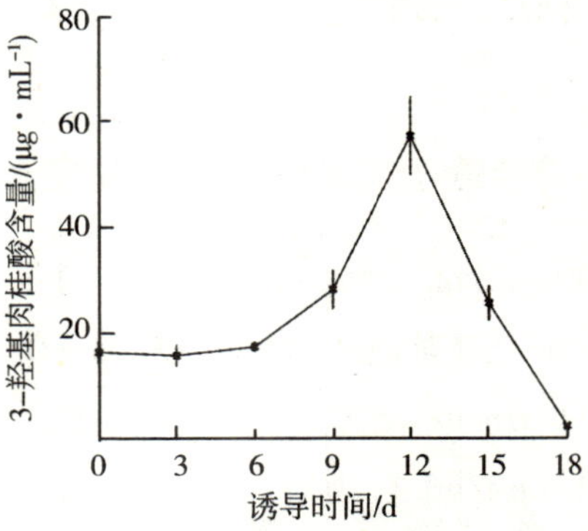

d.YE(1 mg · L^{-1})

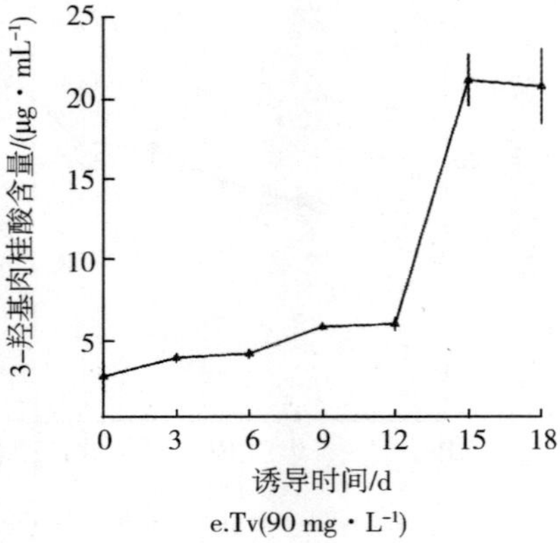

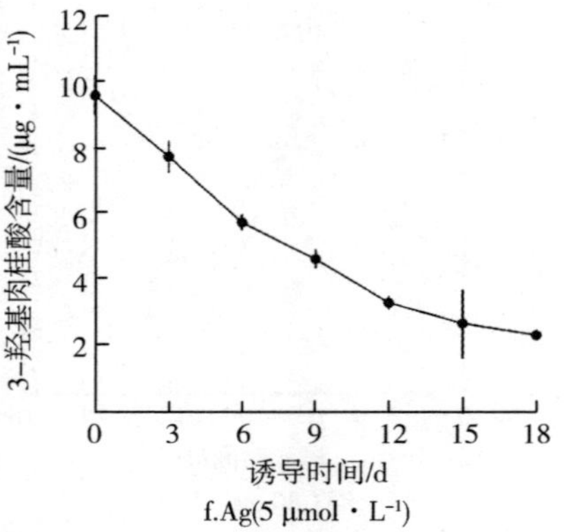

图 5－26 诱导时间对菊芋悬浮细胞中 3－羟基肉桂酸含量的影响

5.2.3.11 诱导时间对菊芋悬浮细胞中阿魏酸含量的影响

如图 5－27 所示，300 μmol/L MeJA 处理 15 d 的菊芋悬浮细胞中阿魏酸含量[(38.96 ±0.45) μg/mL]显著高于对照[(15.08 ±0.29) μg/mL]，其余处理时间点增幅均较小。100 μmol/L SA 处理 6 d 时，细胞中阿魏酸含量显著增加到最高[(35.25 ±0.54) μg/mL]，为对照[(0.22 ±0.00) μg/mL]的 160.23 倍，随后又减小到与对照相当的水平。80 mg/L KJT 处理中，仅处理 3 d 的细胞中阿魏酸含量[(10.65 ±0.38) μg/mL]显著高于对照[(7.95 ±0.28) μg/mL]，而后随诱导时间增加含量逐渐减小。1 mg/L YE 与 90 mg/L Tv 处理的悬浮细胞中均表现出长时诱导效应，均在处理 15 d 的细胞中获得了最高含量的阿魏酸，分别为(21.90 ± 1.15) μg/mL[对照为(1.65 ± 0.35) μg/mL]、(71.04 ±

2.18) μg/mL[对照为(16.23 ±0.50) μg/mL]。相反,5 μmol/L Ag 的处理显示出短时诱导效应,处理 3 d 和 6 d 的细胞中阿魏酸含量高于对照,其中处理 3 d 的细胞中获得阿魏酸最高含量,为(18.26 ±0.46) μg/mL[对照为(14.95 ±0.38) μg/mL],随后减小到对照含量之下。

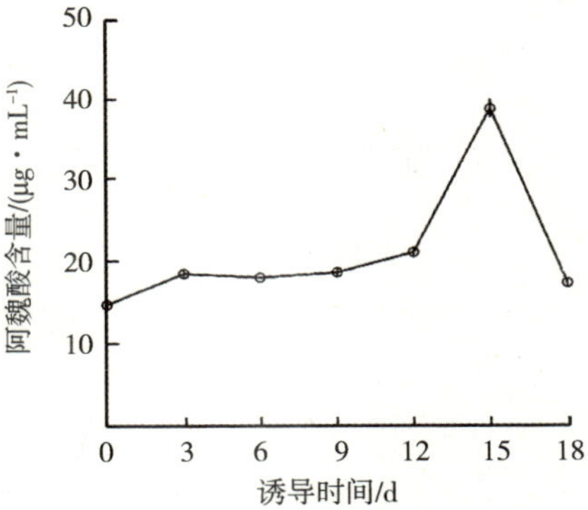

a.MeJA(300 μmol·L⁻¹)

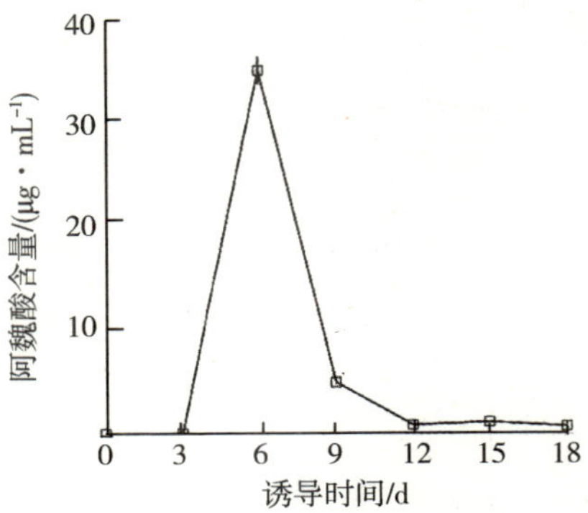

b.SA(100 μmol·L⁻¹)

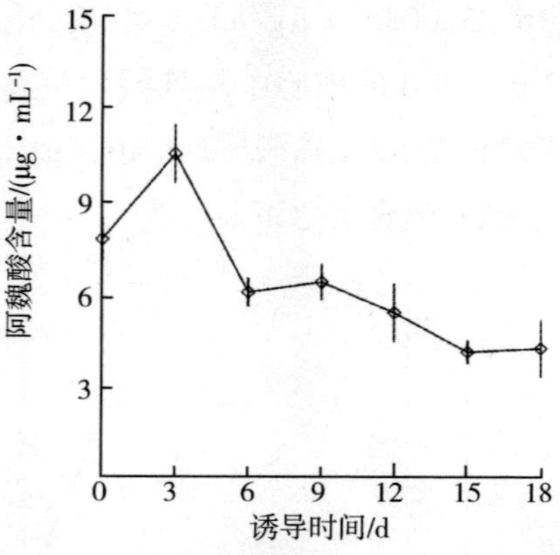

c.KJT(80 mg·L^{-1})

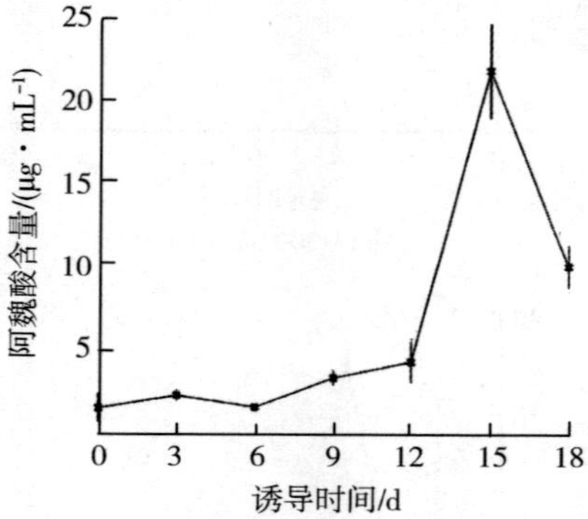

d.YE(1 mg·L^{-1})

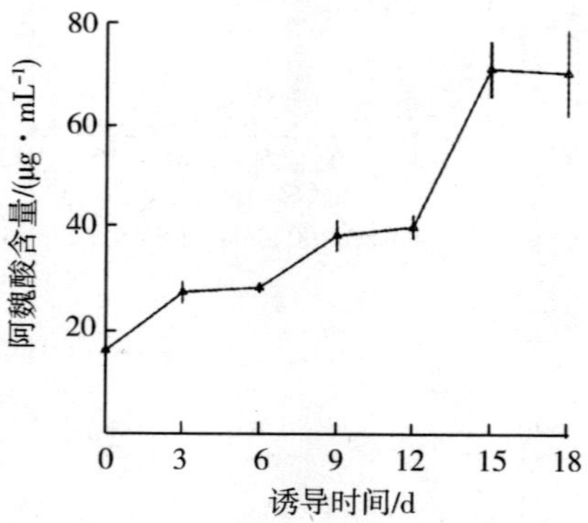

e.Tv(90 mg·L^{-1})

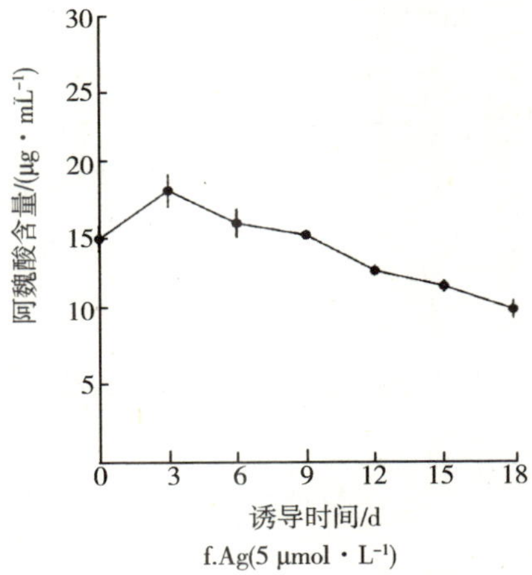

图 5-27 诱导时间对菊芋悬浮细胞中阿魏酸含量的影响

5.2.3.12 诱导时间对菊芋悬浮细胞中芥子酸含量的影响

如图 5-28 所示,300 μmol/L MeJA 处理中,不同时间的菊芋悬浮细胞中芥子酸含量均显著增加,最高含量出现在处理 3 d 的细胞中,为(43.06 ± 0.49) μg/mL[对照为(9.10 ± 0.10) μg/mL]。100 μmol/L SA 处理中,芥子酸最高含量出现在处理 6 d 的细胞中,为(18.86 ± 0.29) μg/mL[对照为(3.95 ± 0.49) μg/mL],其余处理时间点增幅均较小。80 mg/L KJT 和 90 mg/L Tv 的处理均表现出长时诱导效应,芥子酸最高含量分别出现在处理 18 d 和处理 15 d 的悬浮细胞中,含量分别为(33.69 ± 1.19) μg/mL[对照为(5.28 ± 0.54) μg/mL]、(9.18 ± 0.28) μg/mL[对照为(2.90 ± 0.09) μg/mL]。1 mg/L YE 处理 9 d 的细胞中芥子酸含量被显著诱导增加[(12.50 ± 0.65) μg/mL],为对照[(2.14 ± 0.11) μg/mL]的 5.84 倍。5 μmol/L Ag 处理的细胞中芥子酸含量在处理 3 ~ 15 d 时显著增加,其中处理 9 d 时含量达到最高,为(2.35 ± 0.06) μg/mL[对照为(0.35 ± 0.03) μg/mL]。

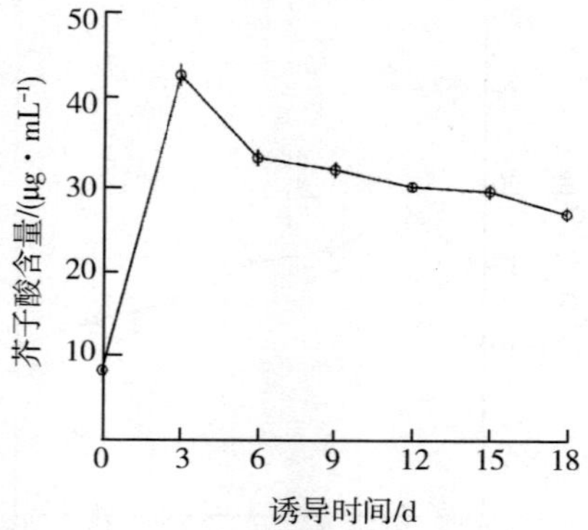

a.MeJA(300 μmol·L⁻¹)

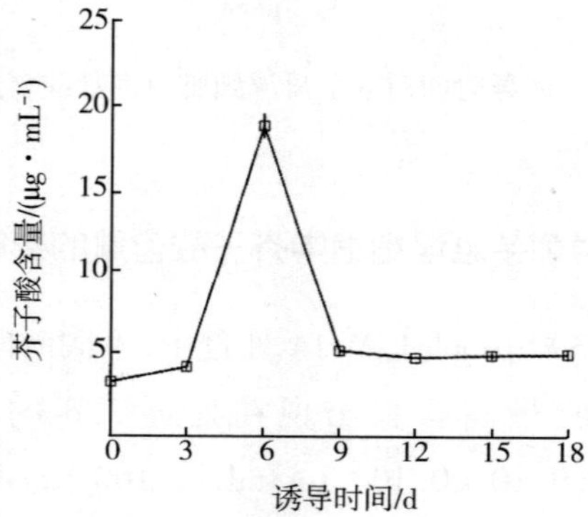

b.SA(100 μmol·L⁻¹)

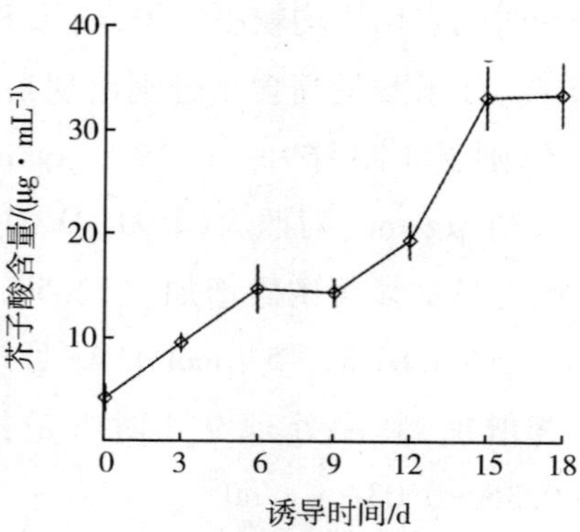

c.KJT(80 mg·L⁻¹)

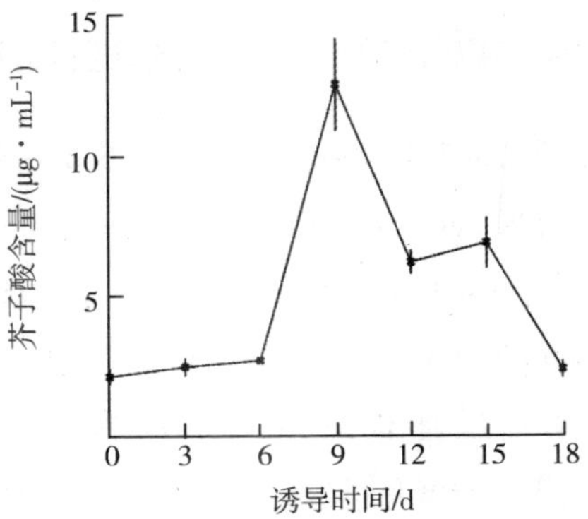

d.YE(1 mg·L^{-1})

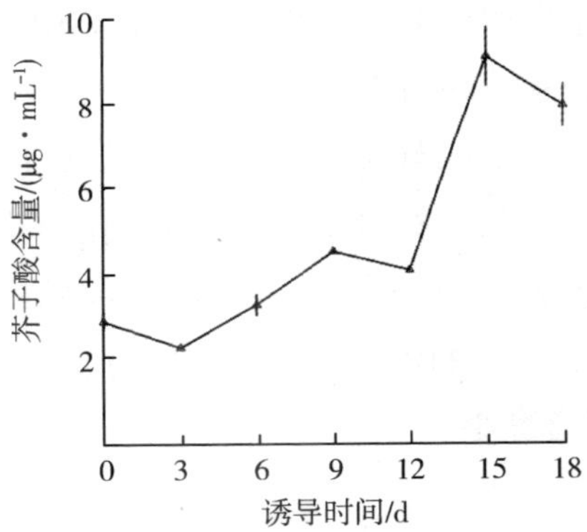

e.Tv(90 mg·L^{-1})

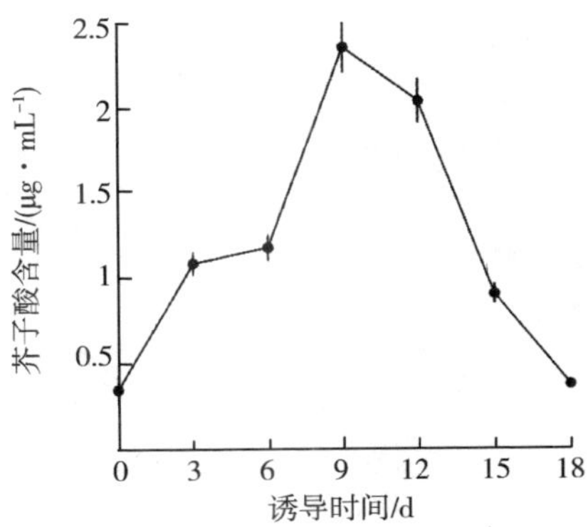

f.Ag(5 μmol·L^{-1})

图 5－28　诱导时间对菊芋悬浮细胞中芥子酸含量的影响

5.2.3.13 诱导时间对菊芋悬浮细胞中4-羟基香豆素含量的影响

如图5-29所示,300 μmol/L MeJA处理3~15 d的菊芋悬浮细胞中4-羟基香豆素含量显著高于对照,而后减小到与对照相当的水平,最高含量出现在诱导处理12 d的细胞中,为(1 335.94±15.32) μg/mL[对照为(760.48±3.00) μg/mL]。100 μmol/L SA与1 mg/L YE处理中,分别在处理6 d和处理9 d的细胞中获得了4-羟基香豆素的最高含量,分别为(1 689.40±25.72) μg/mL[对照为(34.69±0.53) μg/mL]、(1 035.98±54.21) μg/mL[对照为(185.23±9.69) μg/mL]。80 mg/L KJT处理3~15 d时,细胞中4-羟基香豆素含量显著高于对照,且在处理9 d的细胞中含量最高,为(637.65±22.47) μg/mL[对照为(457.59±16.12) μg/mL]。90 mg/L Tv对4-羟基香豆素含量显示出长时诱导效应,处理12~18 d的细胞中含量显著高于对照,在处理15 d时达到最高,为(888.86±27.34) μg/mL[对照为(226.79±0.94) μg/mL]。而5 μmol/L Ag则显示出短时诱导效应,处理6 d时4-羟基香豆素含量达到最高,为(410.60±10.30) μg/mL[对照为(246.79±8.70) μg/mL],而后显著减小。

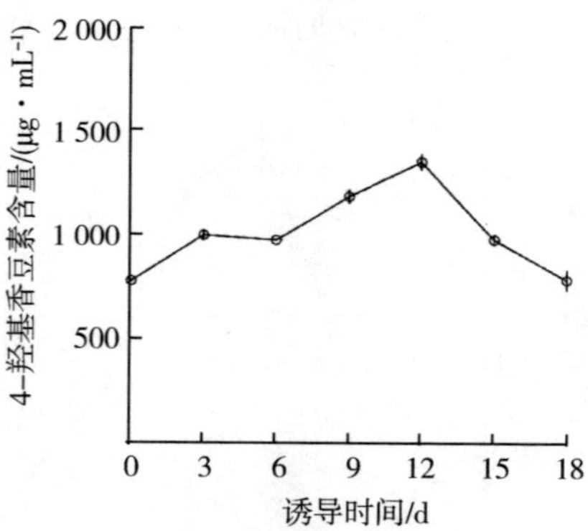

a.MeJA(300 μmol·L⁻¹)

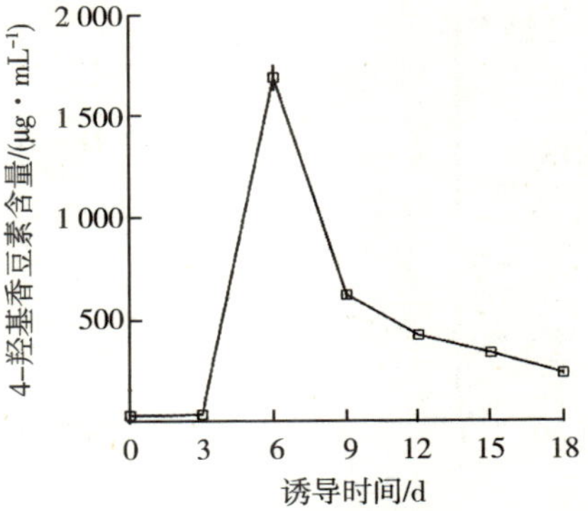

b.SA(100 μmol·L⁻¹)

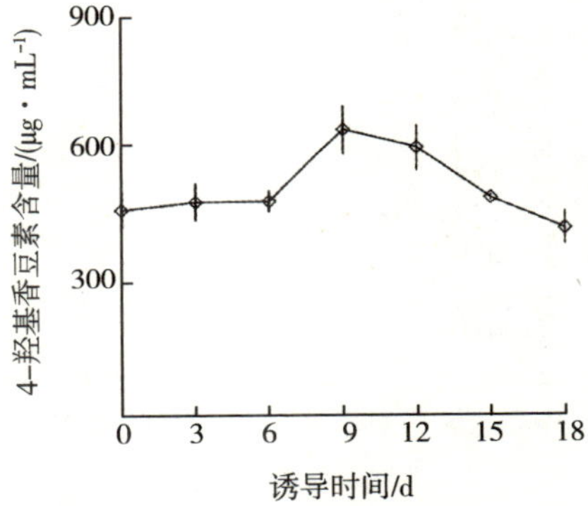

c.KJT(80 mg·L⁻¹)

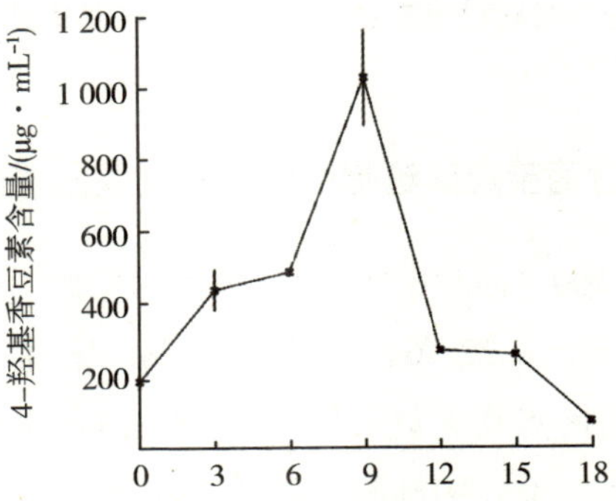

d.YE(1 mg·L⁻¹)

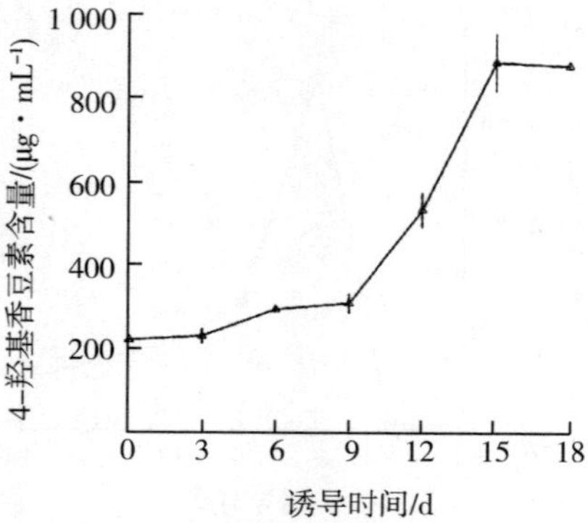

e.Tv(90 mg·L-1)

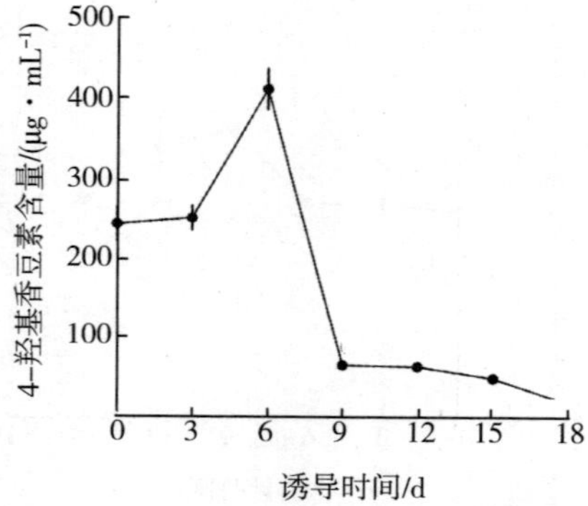

f.Ag(5 μmol·L-1)

图5－29　诱导时间对菊芋悬浮细胞中4－羟基香豆素含量的影响

5.2.3.14　诱导时间对菊芋悬浮细胞中槲皮素含量的影响

如图5－30所示,300 μmol/L MeJA处理中,处理12 d的菊芋悬浮细胞中槲皮素含量[(1 970.75±22.61) μg/mL]显著高于对照[(483.80±8.99) μg/mL],其余时间点均无显著变化。100 μmol/L SA对槲皮素含量显示出短时诱导效应,处理3～9 d的细胞中槲皮素含量显著增加,而后又减小,最高含量出现在处理6 d的细胞中,为(868.13±13.22) μg/mL[对照为(354.52±5.40) μg/mL]。80 mg/L KJT和90 mg/L Tv的处理中,悬浮细胞中槲皮素含量随处理时间的增加而减小。1 mg/L YE和5 μmol/L Ag处理中,分别在处理9 d和处理6 d的细胞中槲皮素含量略高于对照,之后处理时间点的细胞中槲皮素的含量减小。

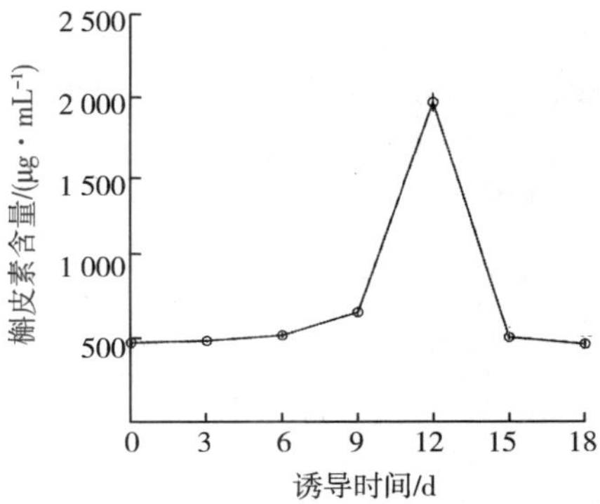

a.MeJA(300 μmol·L⁻¹)

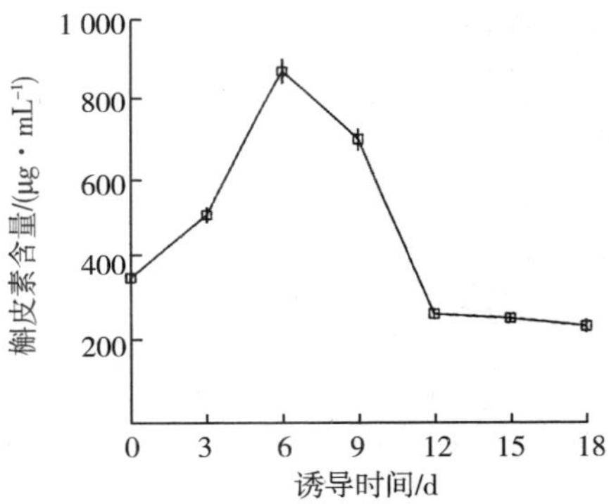

b.SA(100 μmol·L⁻¹)

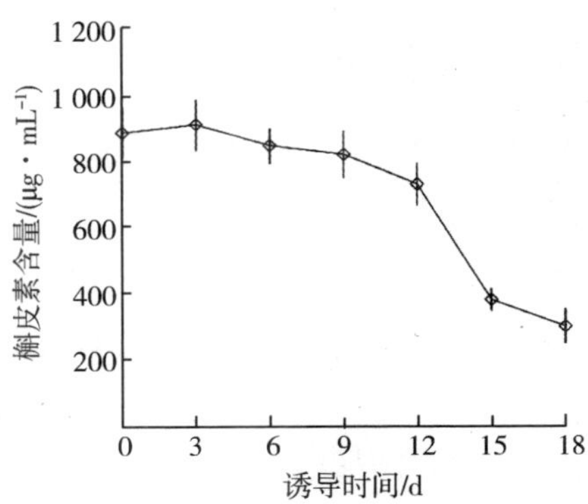

c.KJT(80 mg·L⁻¹)

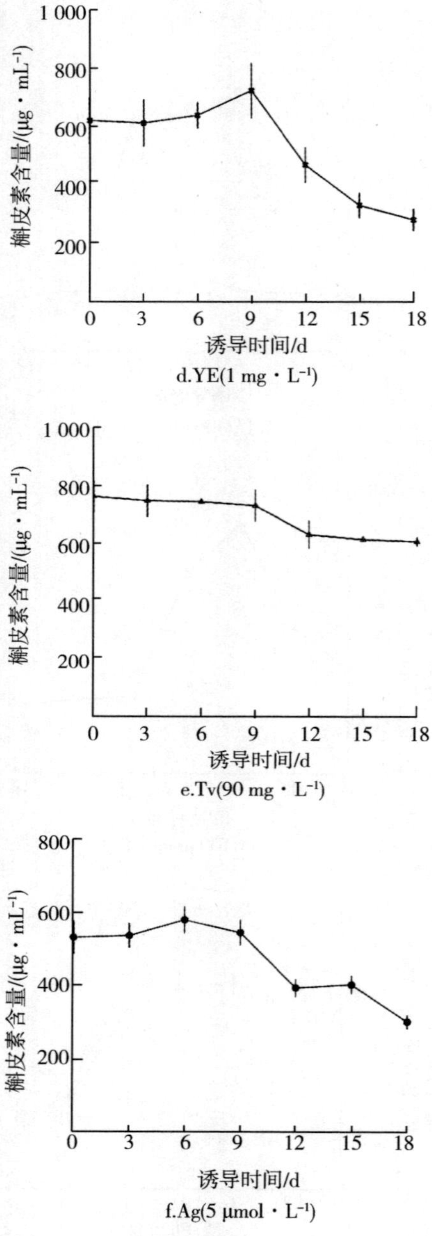

图 5-30　诱导时间对菊芋悬浮细胞中槲皮素含量的影响

5.2.4 诱导子对菊芋悬浮细胞总酚抗氧化性的影响

根据上述结果,发现诱导子不同浓度和不同时间处理后菊芋悬浮细胞中酚类物质的组成发生了改变,而这一改变是否会影响细胞中酚类物质的活性?为此,对不同浓度和不同时间诱导处理后的总酚进行了 FRAP、DPPH 及 ABTS 三种抗氧化能力的测定,评估诱导子处理后菊芋悬浮细胞中酚类物质的应用潜力。

5.2.4.1 诱导子浓度对菊芋悬浮细胞总酚抗氧化性的影响

(1)FRAP 测定

以 Trolox 为对照,测定了诱导子不同浓度处理的菊芋悬浮细胞总酚的 FRAP 抗氧化能力,结果如图 5 – 31 所示。MeJA 处理的细胞总酚的 FRAP 抗氧化能力与各处理的总酚含量变化趋势基本一致,除 25 μmol/L 以外,其余浓度均显著提高总酚的 FRAP 抗氧化能力,50 ~ 200 μmol/L 诱导浓度产生较高的总酚含量及较高的 FRAP 抗氧化能力,200 μmol/L MeJA 处理下 FRAP 抗氧化能力达到最高,为(293.67 ± 1.58) mg TE/100 g DW[对照为(169.50 ± 1.28) mg TE/100 g DW],但 200 ~ 300 μmol/L 处理下 FRAP 抗氧化能力逐渐降低。SA 处理中,FRAP 抗氧化能力的变化趋势与 SA 处理的总酚含量变化趋势不同,12.5 μmol/L SA 诱导时 FRAP 抗氧化能力极显著提高到(1 440.89 ± 1.49) mg TE/100 g DW[对照为(386.44 ± 1.14) mg TE/100 g DW],而此时总酚含量变化略有增加,当诱导子浓度达到最高(150 μmol/L)时,FRAP 抗氧化能力已显著低于对照。KJT 处理中,各浓度下细胞的 FRAP 抗氧化能力均显著低于对照,而总酚含量变化在 80 ~ 120 mg/L 处理时高于对照。YE 处理中,FRAP 抗氧化能力的变化趋势与总酚含量变化趋势相似,1 mg/L的 YE 诱导显著提高细胞的 FRAP 抗氧化能力,为(422.83 ± 1.52) mg TE/100 g DW[对照为(88.94 ± 1.59) mg TE/100 g DW]。Tv 处理后的细胞的 FRAP 抗氧化能力显著低于对照,与总酚含量变化呈相反趋势。Ag 在 15 μmol/L 以上浓度处理时,细胞获得了相比对照较高的 FRAP 抗氧化能力,20 μmol/L 时达到最高值,为(827.83 ± 1.53) mg TE/100 g DW[对照为(150.06 ± 1.34) mg TE/100 g DW]。

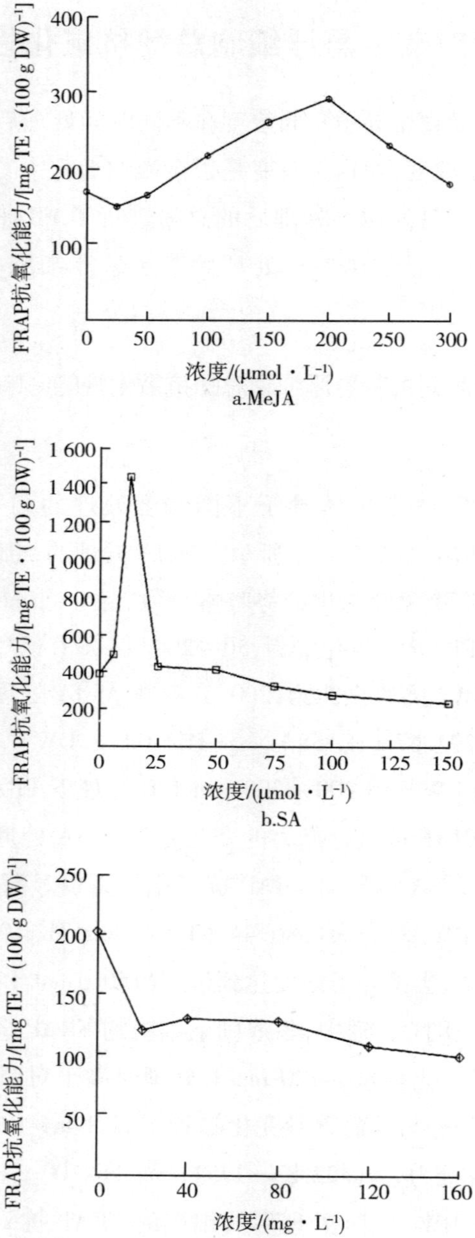
FRAP抗氧化能力/[mg TE·(100 g DW)-1]
浓度/(μmol·L-1)
a.MeJA
FRAP抗氧化能力/[mg TE·(100 g DW)-1]
浓度/(μmol·L-1)
b.SA
FRAP抗氧化能力/[mg TE·(100 g DW)-1]
浓度/(mg·L-1)
c.KJT

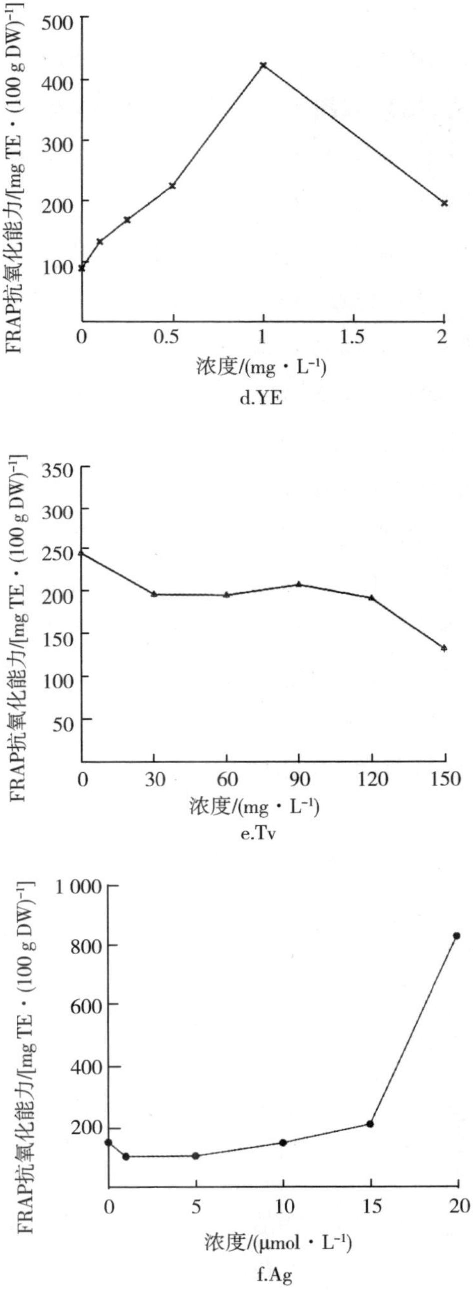

图5－31　诱导子浓度对菊芋悬浮细胞中总酚FRAP抗氧化能力的影响

(2) DPPH 测定

以 Trolox 为对照，测定了诱导子不同浓度处理的菊芋悬浮细胞总酚的 DPPH自由基清除能力，结果如图 5 – 32 所示。MeJA 处理的细胞中，大部分处理浓度可提高菊芋悬浮细胞的 DPPH 自由基清除能力，变化趋势平缓，在 100 μmol/L时此能力达到最高，为(9.34 ±0.16)%［对照为(5.98 ±0.16)%］。SA 各浓度处理的细胞中，较低的浓度诱导细胞的 DPPH 自由基清除能力提高显著，在 12.5 μmol/L 时细胞的 DPPH 自由基清除能力达到最高，为(19.64 ±0.09)%［对照为(14.47 ±0.10)%］，高浓度诱导时 DPPH 自由基清除能力均低于对照。各浓度 KJT 的诱导处理均提高了细胞的 DPPH 自由基清除能力，在 80 mg/L时 DPPH 自由基清除能力最强，为(8.93 ±0.50)%［对照为(4.32 ±0.03)%］。YE 处理的各浓度均提高了细胞的DPPH 自由基清除能力，与 YE 处理的总酚含量变化趋势相似，1 mg/L YE 诱导的 DPPH 自由基清除能力最高，为(16.16 ±0.04)%［对照为(3.78 ±0.39)%］。不同浓度的 Tv 处理对细胞的 DPPH 自由基清除能力影响不显著，60 mg/L 处理的细胞中获得了较高的 DPPH 自由基清除能力，为(10.15 ±0.16)%［对照为(8.32 ±0.15)%］。各浓度的 Ag 处理均提高了细胞的 DPPH 自由基清除能力，尤其在 5 μmol/L 时，细胞 DPPH 自由基清除能力提高最显著，最高值为(22.89 ±0.32)%［对照为(5.39 ±0.24)%］。

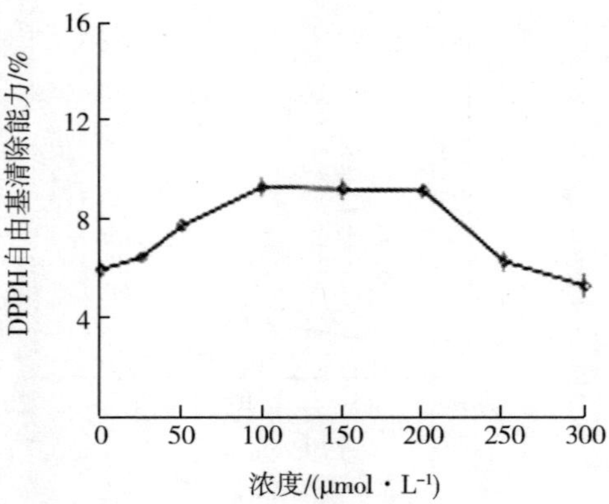

a.MeJA

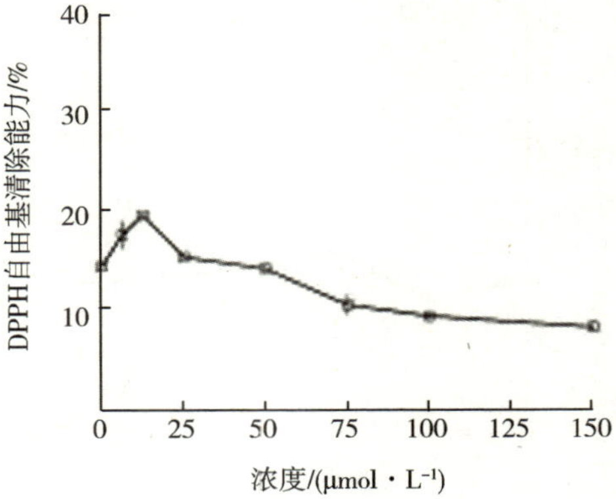
40
30
20
10
DPPH自由基清除能力/%
0
25
50
75
100
125
150
浓度/(μmol・L⁻¹)

b.SA

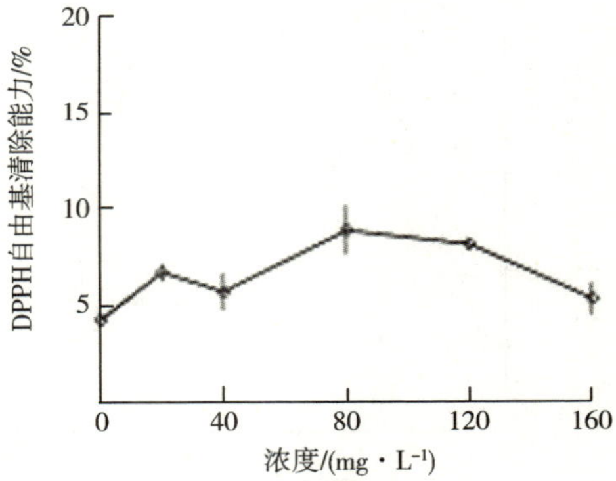
20
15
10
5
DPPH自由基清除能力/%
0
40
80
120
160
浓度/(mg・L⁻¹)

c.KJT

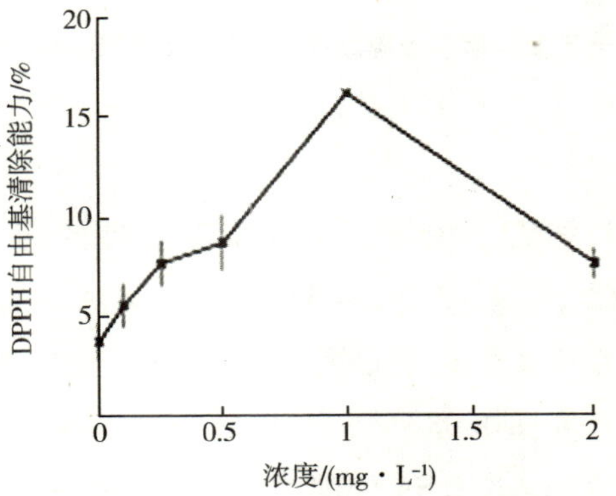
20
15
10
5
DPPH自由基清除能力/%
0
0.5
1
1.5
2
浓度/(mg・L⁻¹)

d.YE

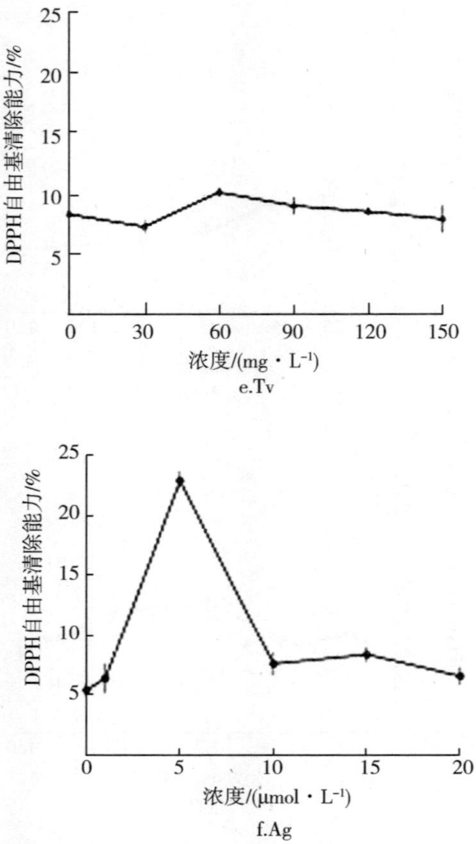

图 5-32　诱导子浓度对菊芋悬浮细胞中总酚 DPPH 自由基清除能力的影响

(3) ABTS 测定

以 Trolox 为对照，测定了诱导子不同浓度处理的菊芋悬浮细胞总酚的 ABTS 自由基清除能力，结果如图 5-33 所示。MeJA 各浓度处理中，细胞的 ABTS 自由基清除能力均显著提高，随着处理浓度的增加而提高，在 300 μmol/L 时达到最高值，为(47.92 ± 0.08)%，为对照[(23.20 ± 0.35)%]的 2.07 倍。SA 的诱导处理中，12.5 μmol/L SA 处理后的悬浮细胞中 ABTS 自由基清除能力最高，为(49.39 ± 0.38)%[对照为(32.50 ± 0.30)%]，而后随浓度增加 ABTS 自由基清除能力逐渐降低到与对照相当水平。KJT 处理的悬浮细胞中各处理浓度下的 ABTS 自由基清除能力均显著降低。不同浓度 YE 处理均提高了细胞 ABTS 自由基的清除能力，1 mg/L YE 处理下 ABTS 自由基清除能力提高最显著，最高值为(37.86 ±0.11)%[对照为(16.78 ±0.21)%]。Tv 处理中，ABTS 自由基清除能力变化幅度较小，Tv 浓度在 120 mg/L 以上时，ABTS 自由基清除能力显著高于对照，150 mg/L 时达到最高，为(29.52 ±0.13)%[对照为(26.85 ±0.89)%]。Ag 处理中，各浓度处理细胞的 ABTS 自由基清除能力与对照均存在显著性差异，5 μmol/L 以上的处理浓度提高了 ABTS 自由基清除能力，其中 5 μmol/L Ag 处理时 ABTS 自由基清除能力[(47.94 ±0.16)%]最强，为对照[(17.33 ±0.13)%]的 2.77 倍。

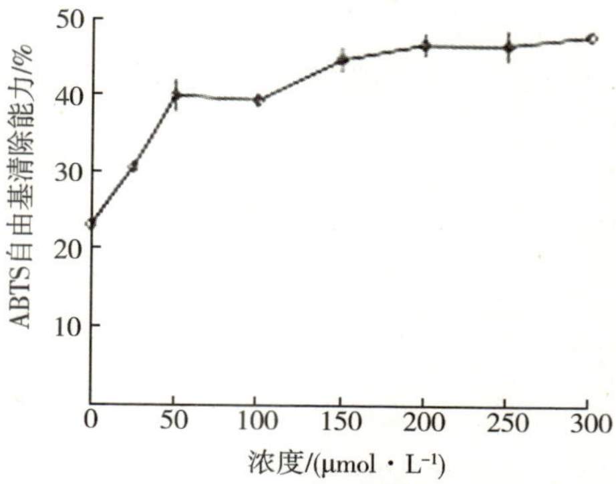

a.MeJA

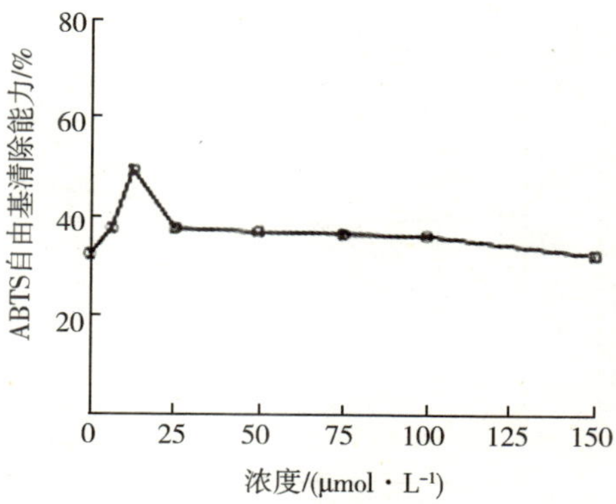

b.SA

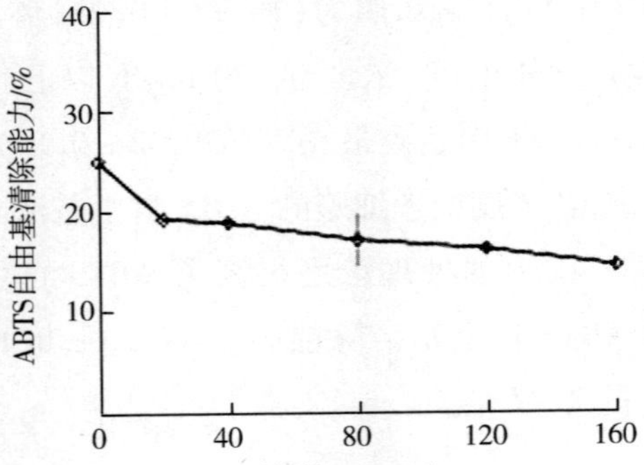
40
30
20
10
ABTS自由基清除能力/%
0
40
80
120
160
浓度/(mg·L⁻¹)

c.KJT

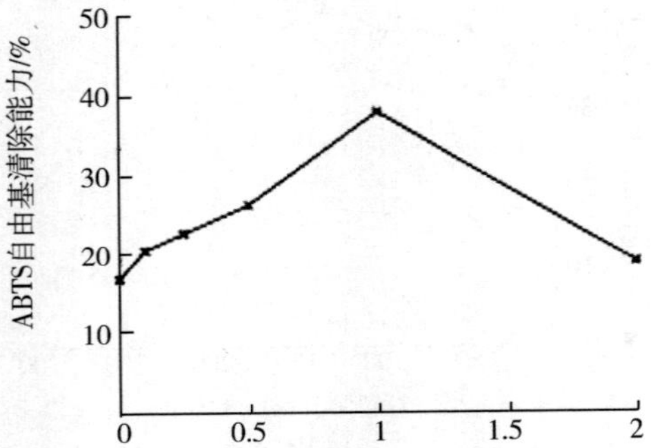
50
40
30
20
10
ABTS自由基清除能力/%
0
0.5
1
1.5
2
浓度/(mg·L⁻¹)

d.YE

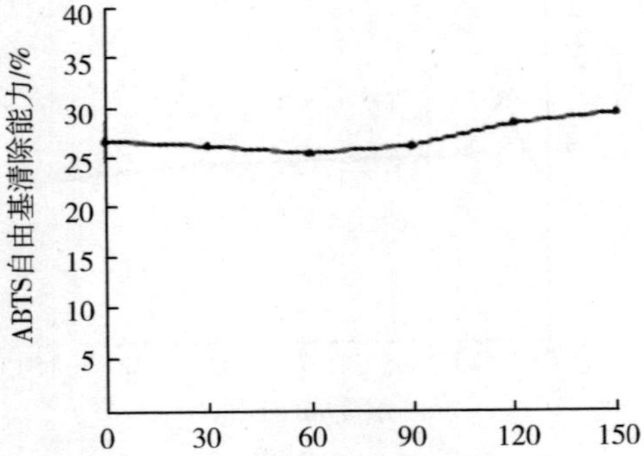
40
35
30
25
20
15
10
5
ABTS自由基清除能力/%
0
30
60
90
120
150
浓度/(mg·L⁻¹)

e.Tv

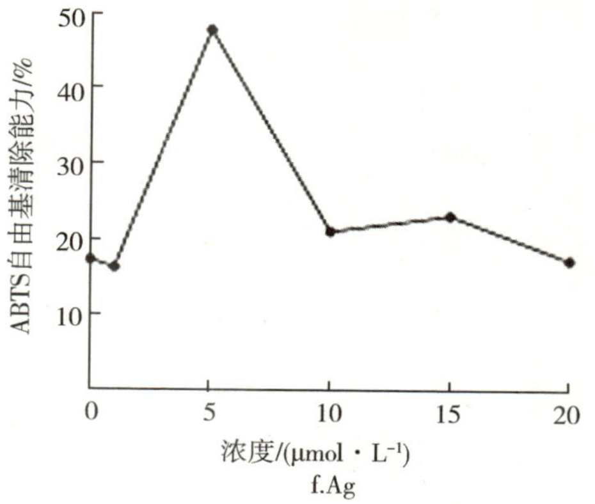

图 5-33 诱导子浓度对菊芋悬浮细胞中总酚 ABTS 自由基清除能力的影响

5.2.4.2 诱导时间对菊芋悬浮细胞总酚抗氧化性的影响

(1)FRAP 测定

以 Trolox 为对照,测定不同诱导时间下菊芋悬浮细胞总酚的 FRAP 抗氧化能力,结果如图 5-34 所示。300 μmol/L MeJA 处理中,诱导处理 9~12 d 的悬浮细胞的 FRAP 抗氧化能力显著高于对照,处理 12 d 的悬浮细胞的 FRAP 抗氧化能力最高,达到(866.44 ± 1.26) mg TE/100 g DW,为对照[(350.89 ± 1.03) mg TE/100 g DW]的 2.47 倍。100 μmol/L SA 处理的悬浮细胞中,不同处理天数的细胞的 FRAP 抗氧化能力与对照相比均显著提高,尤其在处理 6 d 的悬浮细胞中,FRAP 抗氧化能力比对照增加 3.11 倍。80 mg/L KJT 诱导处理的细胞中,处理 3~15 d 的细胞的 FRAP 抗氧化能力均显著高于对照,而后降低,最高的 FRAP 抗氧化能力出现在诱导处理 9 d 的细胞中,为(293.67 ± 1.10) mg TE/100 g DW[对照为(217.83 ±1.44) mg TE/100 g DW]。1 mg/L YE 处理的悬浮细胞中,最高的 FRAP 抗氧化能力出现在处理 9 d 的悬浮细胞中,为(490.33 ±1.35) mg TE/100 g DW,为对照[(170.61 ±1.68) mg TE/100 g DW]的 2.87 倍。90 mg/L Tv 的诱导处理中,处理较长的时间显著提高了细胞的 FRAP 抗氧化能力,处理 12~18 d 的细胞的 FRAP 抗氧化能力均显著高于对照,15 d 达到最高值,为(390.89 ± 1.16) mg TE/100 g DW[对照为(226.17 ± 1.71) mg TE/100 g DW]。5 μmol/L Ag 处理的细胞中,随着处理天数的增加,悬浮细胞的 FRAP 抗氧化能力逐渐降低,且均低于对照。

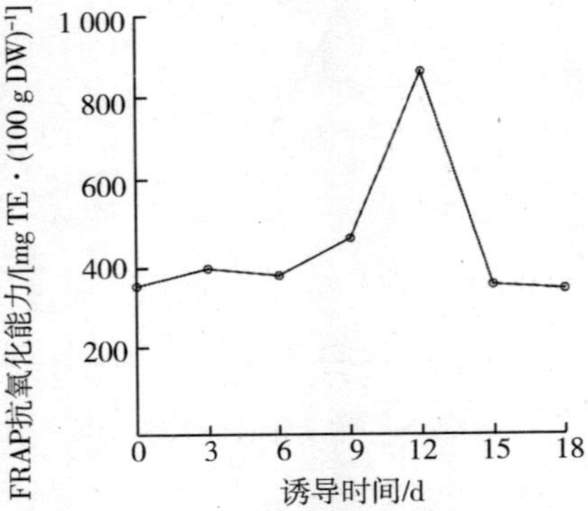

a.MeJA(300 μmol·L^{-1})

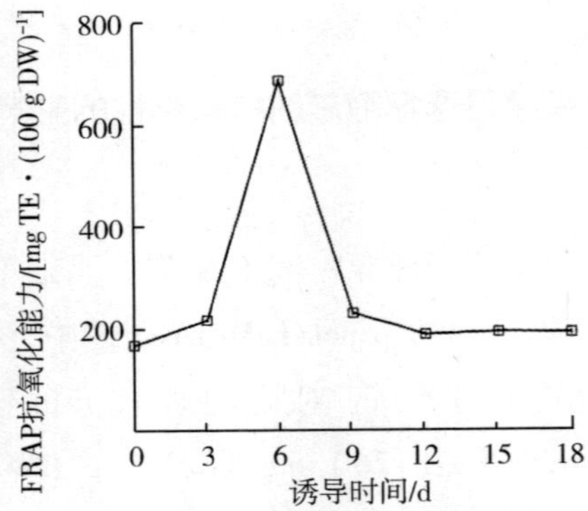

b.SA(100 μmol·L^{-1})

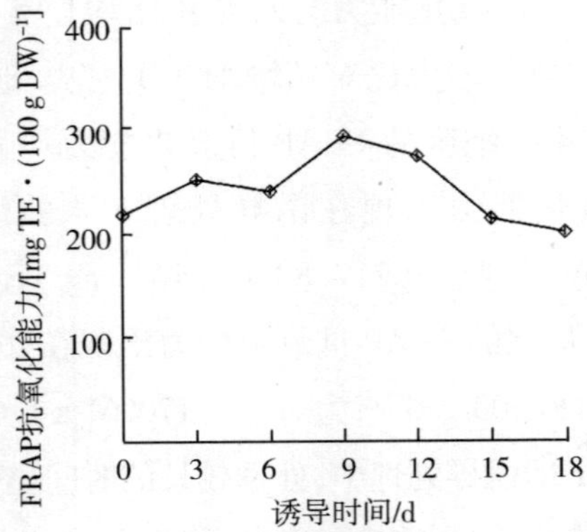

c.KJT(80 mg·L^{-1})

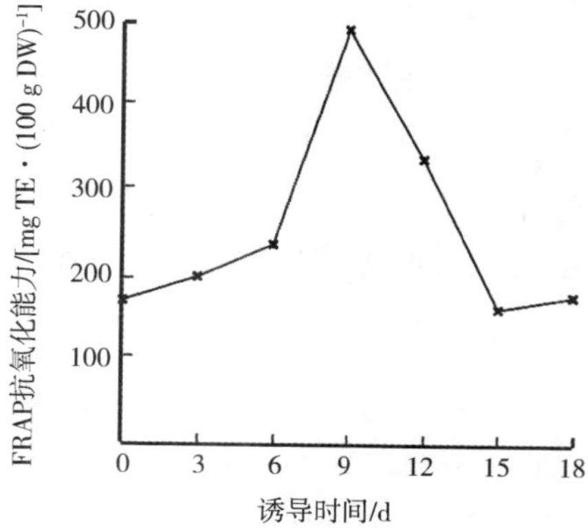

d.YE(1 mg·L^{-1})

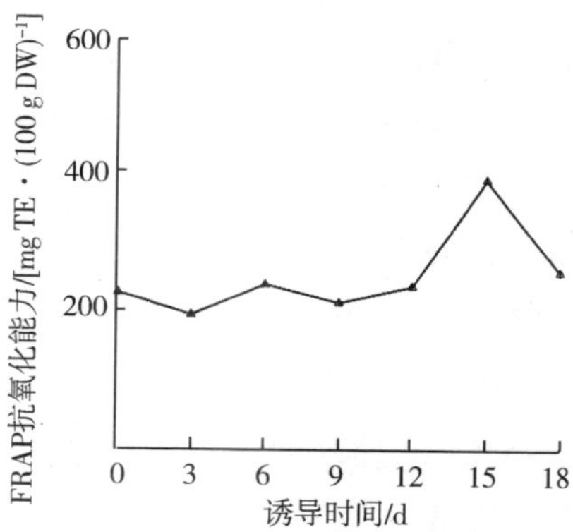

e.Tv(90 mg·L^{-1})

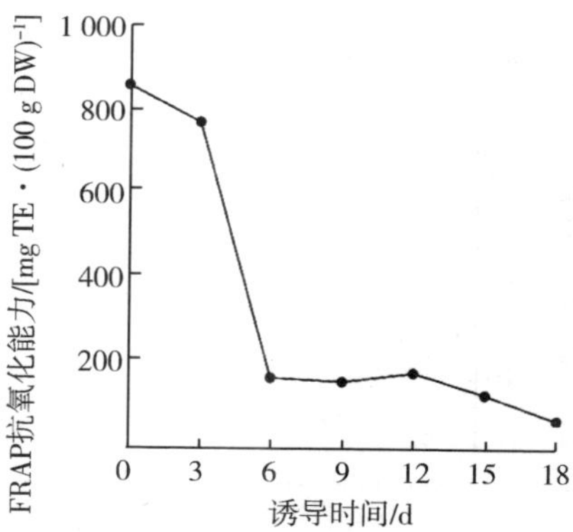

f.Ag(5 μmol·L^{-1})

图 5-34 诱导时间对菊芋悬浮细胞中总酚 FRAP 抗氧化能力的影响

(2) DPPH 测定

以 Trolox 为对照，测定了不同诱导时间下菊芋悬浮细胞的 DPPH 自由基清除能力，结果如图 5－35 所示。300 μmol/L MeJA 处理中，12～18 d 处理的悬浮细胞中的 DPPH 自由基清除能力高于对照，其余均低于对照，最高的 DPPH 自由基清除能力出现在处理 18 d 的细胞中，为（27.60±0.12）%［对照为（20.36±0.02）%］。100 μmol/L SA 处理中，处理 6 d 的悬浮细胞中 DPPH 自由基清除能力极显著提高，其余处理天数变化幅度较小，且处理 6 d 的悬浮细胞的 DPPH 自由基清除能力［（23.10±0.32）%］为对照的［（5.23±0.20）%］4.42 倍。80 mg/L KJT 处理的悬浮细胞中，DPPH 自由基清除能力在 0～12 d 的诱导处理过程中显著提高，随后降低到与对照相当的水平，在处理 9 d 的细胞中获得了最高的 DPPH 自由基清除能力，为（11.69±0.68）%［对照为（6.50±0.22）%］。1 mg/L YE 处理中，仅处理 9 d 的细胞中 DPPH 自由基清除能力显著提高，其余处理时间均使得细胞的 DPPH 自由基清除能力降低，处理 9 d 的细胞 DPPH 自由基清除能力为（14.87±0.43）%，为对照［（6.89±0.08）%］的 2.16 倍。90 mg/L Tv 处理 0～12 d，对细胞 DPPH 自由基清除能力影响不显著，之后显著提高，处理 15 d 的细胞 DPPH 自由基清除能力为（11.18±0.17）%［对照为（6.56±0.30）%］。5 μmol/L Ag 处理的细胞中，随着处理时间的增加细胞的 DPPH 自由基清除能力逐渐降低。

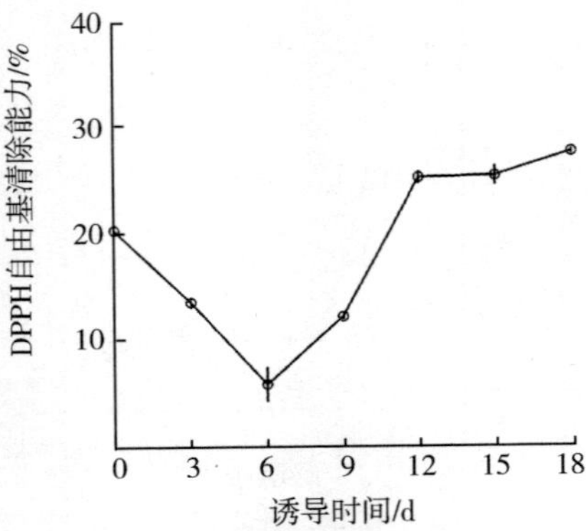

a.MeJA(300 μmol · L^{-1})

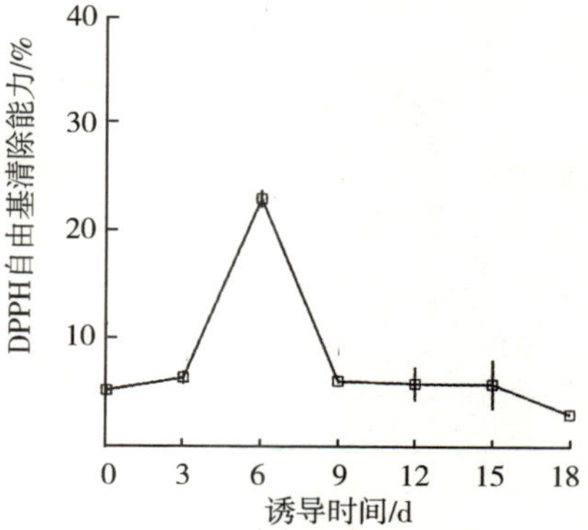

b.SA(100 μmol・L⁻¹)

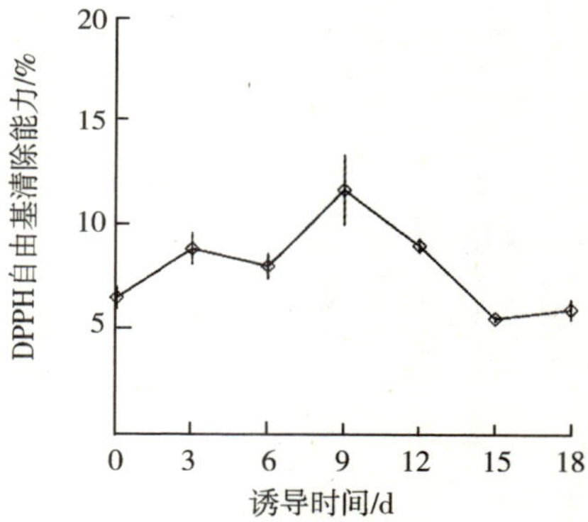

c.KJT(80 mg・L⁻¹)

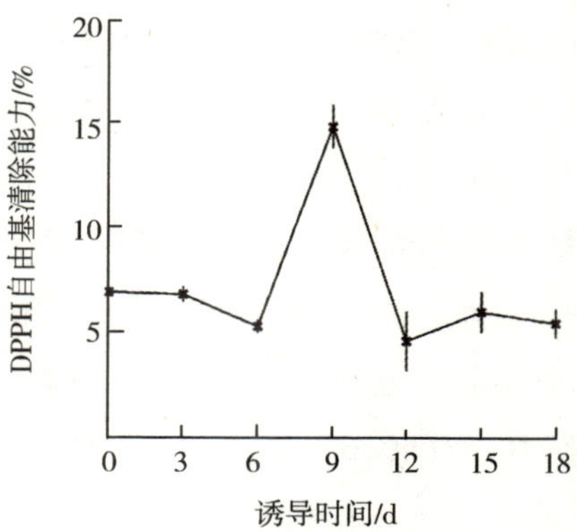

d.YE(1 mg・L⁻¹)

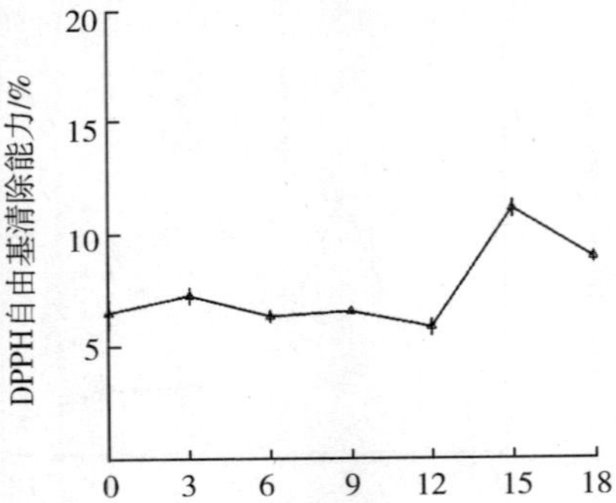

e.Tv(90 mg · L⁻¹)

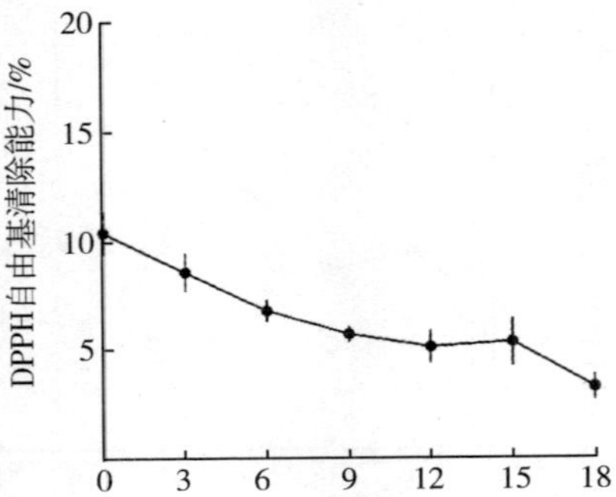

f.Ag(5 μmol · L⁻¹)

图 5-35　诱导时间对菊芋悬浮细胞中总酚 DPPH 自由基清除能力的影响

(3)ABTS 测定

以 Trolox 为对照,测定了不同诱导时间下菊芋悬浮细胞的 ABTS 自由基清除能力,结果如图 5-36 所示。300 μmol/L MeJA 处理中,9~18 d 处理的悬浮细胞中的 ABTS 自由基清除能力显著高于对照,最高的 ABTS 自由基清除能力出现在处理 12 d 的细胞中,为(60.65±0.09)%[对照为(33.01±0.07)%]。100 μmol/L SA 处理中,除处理 6 d 和 9 d 的悬浮细胞中 ABTS 自由基清除能力显著提高外,其余处理天数变化不显著,且处理 6 d 的悬浮细胞的 ABTS 自由基清除能力[(52.28±0.10)%]为对照[(25.11±0.31)%]的 2.08 倍。80 mg/L KJT 处理的悬浮细胞中,处理 3~12 d 的细胞中 ABTS 自由基清除能力显著增加,且处理 3 d 和 9 d 的细胞的 ABTS 自由基清除能力相当,分别为(32.79±

0.38)%和(33.11 ±0.18)%[对照为(29.37 ±0.31)%]。1 mg/L YE 处理的细胞中,仅处理6 d和9 d的细胞中 ABTS 自由基清除能力显著提高,处理9 d的细胞 ABTS 自由基清除能力最强,为(48.09 ±0.18)%,为对照[(35.90 ±0.16)%]的1.34倍。90 mg/L Tv 的诱导处理结果显示较长的处理时间对提高细胞的 ABTS 自由基清除能力具有诱导作用,诱导处理9~18 d的细胞的 ABTS 自由基清除能力均显著高于对照,且在第15天时达到最高,为(39.35 ±0.29)%[对照为(28.05 ±0.37)%]。5 μmol/L Ag 处理的细胞中,各处理时间均显著提高细胞的 ABTS 自由基清除能力,且在第9天时自由基清除能力达到最高,为(40.60 ±0.04)%[对照为(23.14 ±0.07)%]。

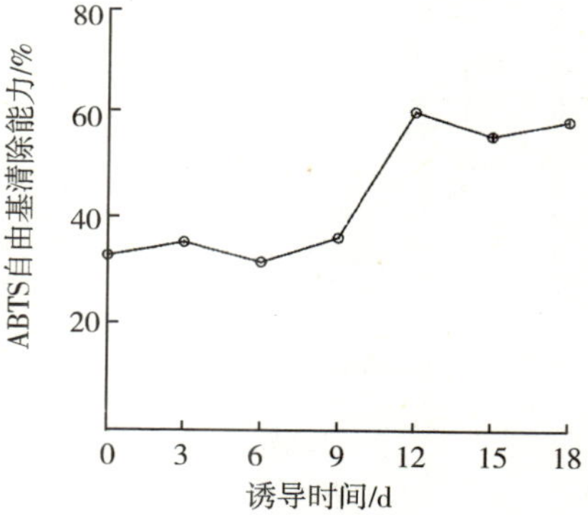

a.MeJA(300 μmol · L^{-1})

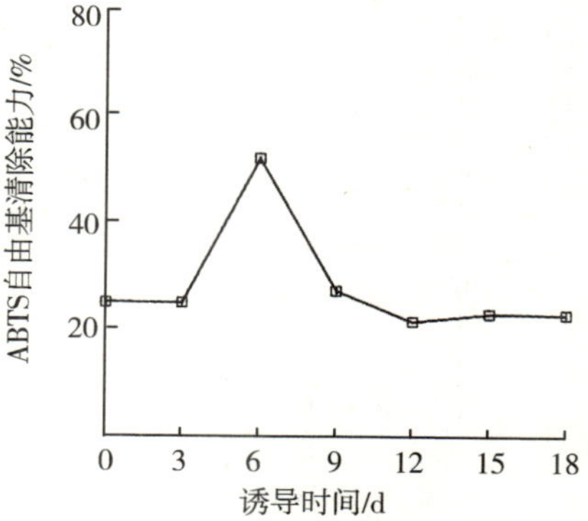

b.SA(100 μmol · L^{-1})

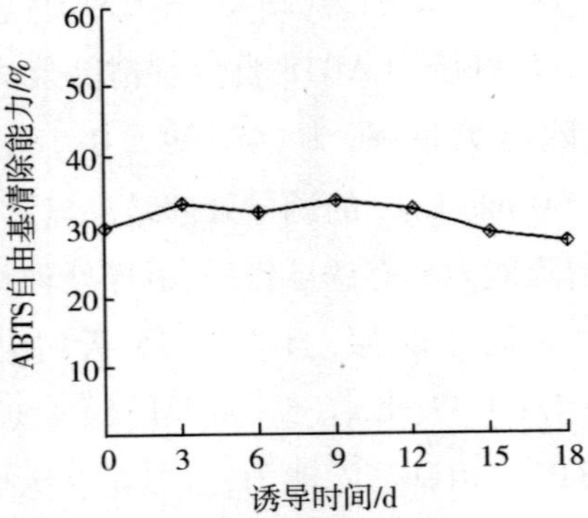

c.KJT(80 mg · L⁻¹)

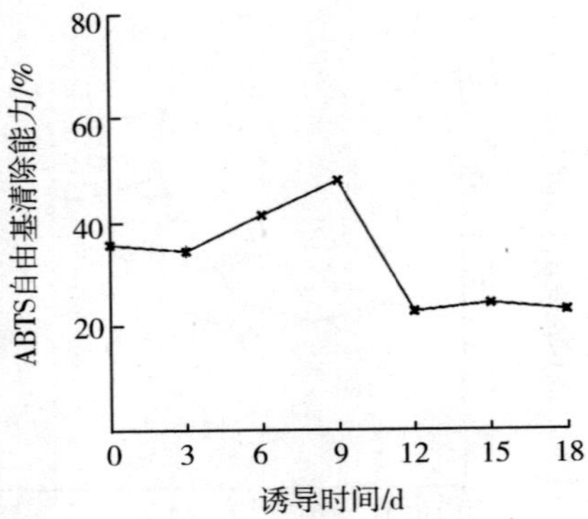

d.YE(1 mg · L⁻¹)

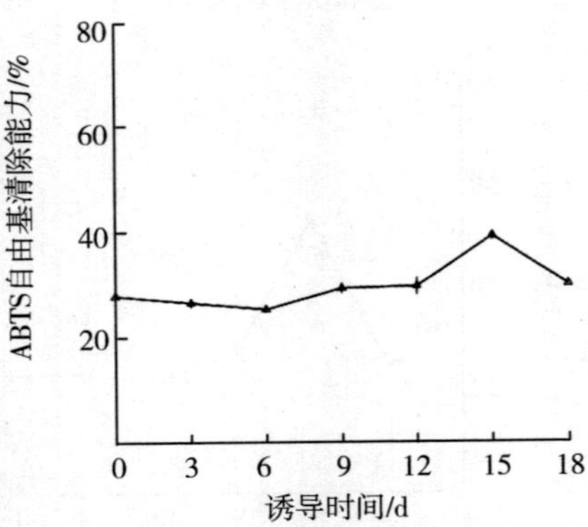

e.Tv(90 mg · L⁻¹)

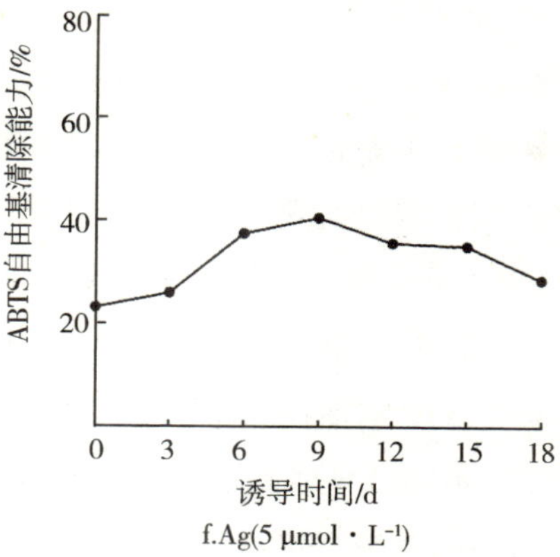

图 5-36 诱导时间对菊芋悬浮细胞中总酚 ABTS 自由基清除能力的影响

5.3 讨论

自然界当中存在的酚类物质在植物中起到多方面作用，诸如吸引昆虫传播种子和授粉、组成机体的防御系统等。而近年来诸多关于促进人类健康方面的研究结果表明，酚类物质具有抗炎、抗菌、抗过敏以及抗肿瘤等作用，但其最常见的生物活性是抗氧化活性，这是由于自身结构赋予其氧化还原性质。

本研究采用福林酚法对 6 种诱导子不同诱导浓度及不同诱导时间处理后菊芋悬浮细胞总酚含量进行了测定，同时采用 FRAP、DPPH、ABTS 三种抗氧化活性测定方法评估了其抗氧化活性。对总酚的诱导效果依次为 YE > Ag > Tv > SA > MeJA > KJT。MeJA 不同浓度诱导的菊芋悬浮细胞中总酚含量与 ABTS 自由基清除能力变化趋势相似，随浓度增加而增加；FRAP 抗氧化能力与 DPPH 自由基清除能力的变化趋势相似，先升高而后再降低。SA 不同浓度诱导的菊芋悬浮细胞中酚类物质的 FRAP 抗氧化能力、DPPH 及 ABTS 自由基清除能力的变化趋势相似，在 12.5 μmol/L 处理下达到最高值，但细胞中总酚含量的最高值出现在 100 μmol/L 处理的细胞中。KJT 不同浓度诱导处理的细胞中总酚含量与 DPPH 自由基清除能力的变化趋势相似，80 mg/L 时上升到最高值，随后降低；FRAP 抗氧化能力与 ABTS 自由基清除能力的变化趋势相似，随浓度增加而逐渐降低。不同浓度 YE 诱导处理的菊芋悬浮细胞中总酚含量、FRAP 抗氧化能力、DPPH 及 ABTS 自由基清除能力的变化趋势相似，随浓度增加而提高，1 mg/L YE 诱导处理时达到最高值，之后开始下降。Tv 不同浓度诱导处理的细胞中总酚含量与 ABTS 自由基清除能力均随浓度增大而缓慢提高，FRAP 抗氧化能力与 DPPH 自由基清除能力随浓度增加而呈降低的趋势。不同浓度 Ag 诱导处理的悬浮细胞中总酚含量、DPPH 及 ABTS 自由基清除能力的变化趋势相似，均在 5 μmol/L 处理时获得了相应最高值，后随浓度增加而降低，而 FRAP 抗氧化能力却随诱导浓度增加而呈上升趋势，20 μmol/L 时获得了最高值。6 种诱导子最佳浓度下不同诱导时间处理的结果显示，MeJA 的长时间诱导显著增加了菊芋悬浮细胞中的总酚含量；相反 SA 诱导处理具有短时效应，诱导 9 d 内总酚含量高于对照，随后显著降低；而 KJT、YE、Tv 及 Ag 4 种诱导子的诱导时间对细胞中总酚含量无诱导增加效果。MeJA、SA、KJT、YE 及 Tv 的诱导使得细胞总酚 FRAP 抗氧化能力在 6 ~ 15 d 诱导中显著提高，而 Ag 使细胞总酚 FRAP 抗氧化能力呈下降趋势。MeJA、SA、KJT、YE 及 Tv 5 种诱导子不同诱导时间对细胞中总酚 DPPH 及 ABTS 自由基清除能力的诱导趋势基本相同，但在 Ag 的处理中 DPPH 自由基清除能力随时间延长而逐渐降低，相反 ABTS 自由基清除能力呈现提高的趋势。这些变化趋势的不同说明每种诱导子对酚类物质诱导具有特异性，不同处理的菊芋悬浮细胞中酚类物质的含量、组成是不相同的，它们对 DPPH 和 ABTS 自由基具有不同的清除能力，因而在 FRAP、DPPH 及 ABTS 测定中显示出与总酚含量的不对应性，这一结果在后续酚类物质含量测定中也有相应的体现。

根据诱导子对 14 种酚类物质含量测定数据，按增加量进行了统计，结果见表 5 - 1。由表 5 - 1 可知，较高浓度 MeJA（100 ~ 300 μmol/L）处理较长时间（15 ~ 18 d）可有效诱导提高菊芋悬浮细胞中绿原酸、SA、3 - 羟基肉桂酸、阿魏酸及 4 - 羟基香豆素的含量，没食子酸、原儿茶酸及芥子酸含量则先少量增加而后减小到对照之下。低浓度（12.5 μmol/L）SA 短时间（6 d）处理可有效增加绿原酸含量，高浓度（75 ~ 100 μmol/L）SA 处理可有效增加 SA、3 - 羟基肉桂酸含量，SA 的诱导使得阿魏酸及东莨菪内酯含量持续增加，而 4 - 羟基香豆素含量持续减小。高浓度（120 mg/L）KJT 长时间（18 d）处理可有效诱导提高绿原酸、咖啡酸、3 - 羟基肉桂酸、阿魏酸、芥子酸及 4 - 羟基香豆素的含量，但在 120 mg/L 以上浓度诱导时，除 SA 含量增加外，其余检测的 13 种酚类物质含量减小。YE

对各酚类物质含量诱导的结果趋势基本相同,0.25～0.5 mg/L YE 处理9 d 可有效诱导提高绿原酸、咖啡酸、表儿茶素、SA、芥子酸、儿茶素和没食子酸的含量,阿魏酸和东莨菪内酯含量随浓度增加而降低到对照之下,其他酚类物质含量则维持在一定的水平。不同浓度 Ag 处理可提高绿原酸、阿魏酸、芥子酸和东莨菪内酯的含量,且 Ag 对菊芋悬浮细胞中阿魏酸和4-羟基苯甲酸含量具有持续诱导增加的作用。Tv 可提高芥子酸和表儿茶素的含量,芥子酸含量显示出持续诱导,其他酚类物质含量先诱导增加而后逐渐减小。从每种酚类物质对诱导子的响应程度上看,绿原酸对除 Tv 以外的其他5种诱导子均具有强烈响应。这一结果与绿原酸和绿原酸衍生物是菊芋叶片中主要的酚类物质及其具有很好的抗氧化性的结论相一致。KJT 和 YE 对咖啡酸和芥子酸含量诱导显著,MeJA、SA 和 YE 对 SA 诱导显著,MeJA 和 KJT 对3-羟基肉桂酸、阿魏酸和4-羟基香豆素诱导显著,YE 对表儿茶素诱导显著。

表 5-1 诱导子对菊芋悬浮细胞中酚类物质含量的影响

酚类物质	MeJA		SA		KJT		YE		Tv		Ag	
	浓度	时间	浓度	时间	浓度	时间	浓度	时间	浓度	时间	浓度	时间
没食子酸	50	6	12.5	15	80	18	0.5	9	90	9	1	15
	1.20	2.32	2.50	8.80	1.71	1.19	7.62	3.58	1.81	1.86	3.12	4.80
原儿茶酸	25	6	75	15	120	18	0.5	15	60	6	10	9
	1.29	3.00	3.60	6.89	2.23	1.12	3.44	4.07	1.86	2.36	1.96	4.87
4-羟基苯甲酸	250	9	50	9	20	—	0.5	↓	90	15	10	9
	2.39	1.44	2.83	2.92	2.00	—	4.77	↓	1.16	1.74	1.60	1.91
儿茶素	200	12	12.5	6	120	9	0.25	9	60	15	5	6
	3.76	3.28	6.09	16.20	2.82	1.73	7.97	5.28	1.24	1.29	6.42	2.37
绿原酸	200	9	12.5	6	120	9	0.25	9	60	15	5	6
	23.88	2.27	13.77	24.83	15.37	2.54	38.45	6.50	1.40	16.06	10.14	1.87
咖啡酸	200	9	6.25	6	120	12	0.5	9	90	15	10	6
	5.29	1.39	5.79	13.16	99.88	1.65	26.42	8.08	2.47	3.00	2.95	2.45
表儿茶素	250	12	6.25	6	40	18	0.25	9	90	15	10	↓
	3.43	3.47	5.14	9.15	3.20	4.27	46.04	1.92	5.34	3.17	3.16	↓
SA	300	15	75	15	160	18	0.5	15	60	15	1	6
	21.07	2.16	107.47	2.56	2.07	1.52	14.32	2.41	4.03	4.71	4.50	1.50

续表

酚类物质	MeJA		SA		KJT		YE		Tv		Ag	
	浓度	时间	浓度	时间	浓度	时间	浓度	时间	浓度	时间	浓度	时间
东莨菪内酯	250	12	150	6	80	18	0.25	9	90	15	10	15
	5.25	2.32	8.06	1.32	4.27	1.31	1.11	2.70	2.34	1.63	5.25	3.13
3-羟基肉桂酸	250	18	100	18	120	6	0.25	12	90	15	10	↓
	11.06	13.62	46.14	2.20	15.47	2.44	3.98	3.50	1.46	7.53	4.00	↓
阿魏酸	100	15	150	6	120	3	0.5	15	60	15	20	3
	123.00	2.58	6.58	160.22	16.59	1.34	2.13	13.27	1.85	4.38	8.54	1.22
芥子酸	100	3	6.25	6	120	18	0.25	9	150	15	1	9
	1.73	4.73	7.38	4.77	80.50	6.38	14.09	5.84	54.57	3.17	8.16	6.71
4-羟基香豆素	200	12	↓	6	120	9	1	9	90	15	5	6
	60.69	1.76	↓	48.7	17.75	1.39	6.18	5.59	2.51	3.92	4.48	1.66
槲皮素	200	12	12.5	6	120	↓	0.25	9	90	↓	5	6
	1.78	4.07	3.03	2.45	3.48	↓	4.68	1.16	2.49	↓	1.76	1.09

注:“—”表示与对照相比含量无变化;“↓”表示与对照相比含量减小;每种酚类物质对应的第一行数字为相应诱导子的诱导浓度和诱导时间,MeJA、SA 及 Ag 浓度单位为 μmol/L,KJT、YE 及 Tv 浓度单位为 mg/L,时间单位均为 d;每种酚类物质对应的第二行数字为相应条件下其含量相比对照的倍数。

5.4 本章小结

对6种诱导子不同诱导浓度和诱导时间处理后菊芋悬浮细胞中总酚含量、14种酚类物质含量及其抗氧化能力进行测定和分析，结果表明：6种诱导子不同浓度下对菊芋悬浮细胞中总酚的诱导效果依次为YE（1 mg/L）＞Ag(5 μmol/L)＞Tv(90 mg/L)＞SA(100 μmol/L)＞MeJA(300 μmol/L)＞KJT(80 mg/L)，分别是对照的2.14倍、1.91倍、1.85倍、1.63倍、1.56倍、1.17倍。最佳浓度下不同处理时间对总酚含量的影响为MeJA（12 d）＞SA（6 d）＞YE(3 d)，分别是对照的2.61倍、1.92倍、1.19倍，而其余3种诱导子随处理时间增加使总酚含量显著低于对照。总酚FRAP抗氧化能力及DPPH和ABTS两种自由基清除能力的变化显示6种诱导子诱导后菊芋悬浮细胞中各种酚类物质含量发生显著变化。

6种诱导子对菊芋悬浮细胞中14种酚类物质含量均具有显著影响。MeJA诱导中5种酚类物质(绿原酸、SA、3－羟基肉桂酸、阿魏酸、4－羟基香豆素)含量相较对照增加10倍以上，其中4－羟基香豆素含量变化最大，增加了59.69倍。相比其他诱导子，SA诱导中7种酚类物质(阿魏酸、SA、3－羟基肉桂酸、儿茶素、没食子酸、东莨菪内酯及原儿茶酸)含量增加最为显著。KJT诱导中6种酚类物质(绿原酸、咖啡酸、3－羟基肉桂酸、阿魏酸、芥子酸、4－羟基香豆素)含量相较对照增加10倍以上，其中咖啡酸和芥子酸含量分别显著增加了98.88倍、79.50倍。YE显著增加了表儿茶素(相较对照增加了45.04倍)及绿原酸(相较对照增加了37.45倍)的含量，同时对4－羟基苯甲酸及槲皮素含量的诱导也非常显著。Tv及Ag虽然诱导增加了菊芋悬浮细胞中各种酚类物质含量，但诱导效果低于其他4种诱导子。

参考文献

[1]ZHAO JIAN, ZHU WEIHUA, HU QIU, et al. Improved alkaloid production in *Catharanthus roseus* suspension cell cultures by various chemicals[J]. Biotechnol Lett, 2000,22(15): 1221 - 1226.

[2]ABOZED S S, ABDELRASHID A, EL - KALYOUBI M, et al. Production of inulin and high - fructose syrup from Jerusalem artichoke tuber (*Helianthus tuberosus* L.)[J]. Annals Agric Sci (Cairo), 2009,54(2): 417 - 423.

[3]ZHAO JIANGLIN, XIANG DABING, PENG LIANXIN. Enhancement of rutin production in *Fagopyrum tataricum* hairy root cultures with its endophytic fungal elicitors[J]. Prep Biochem Biotech, 2014, 44(8): 782 - 794.

[4]AHMED S A, BAIG M M V. Biotic elicitor enhanced production of psoralen in suspension cultures of *Psoralea corylifolia* L. [J]. Saudi J Bio Sci, 2014,21(5): 499 - 504.

[5]ALAM M N, BRISTI N J, RAFIQUZZANAN M. Review on *in vivo* and *in vitro* methods evaluation of antioxidant activity[J]. Saudi Pharm J, 2013,21(2): 143 - 152.

[6]ALI M, ABBASI B H. Light - induced fluctuations in biomass accumulation, secondary metabolites production and antioxidant activity in cell suspension cultures of *Artemisia absinthium* L. [J]. J Photochem Photobiol B, 2014,140: 223 - 227.

[7]ALMAGRO L, GUTIERREZ J, PEDREÑO M A, et al. Synergistic and additive influence of cyclodextrins and methyl jasmonate on the expression of the terpenoid indole alkaloid pathway genes and metabolites in *Catharanthus roseus* cell cultures[J]. Plant Cell Tiss Org Cult, 2014,119(3): 543 - 551.

[8]AMID A, JOHAN N N, JAMAL P, et al. Observation of antioxidant activity of leaves, callus and suspension culture of *Justicia gendarusa*[J]. Afr J Biotechnol, 2011,10(81): 18653 - 18656.

[9]AMINI S A, SHABANI L, AFGHANI L, et al. Squalestatin - induced production of taxol and baccatin in cell suspension culture of yew (*Taxus baccata* L.)[J]. Turkish J Bio, 2014,38(4): 528 - 536.

[10]APOLINRIO A C, DE LIMA DAMASCENO B P G, DE BELTRÃO MACÊDO

N E, et al. Inulin – type fructans: a review on different aspects of biochemical and pharmaceutical technology[J]. Carbohydr Polym, 2014,101: 368 – 378.

[11] ARRIZON J, MOREL S, GSCHAEDLER A, et al. Comparison of the water – soluble carbohydrate composition and fructan structures of *Agave tequilana* plants of different ages[J]. Food Chem, 2010,122(1): 123 – 130.

[12] BABA H, YAOITA Y, KIKUCHI M. Sesquiterpenoids from the leaves of *Helianthus tuberosus* L. [J]. J Tohoku Pharm Univ, 2005,52: 21 – 25.

[13] BAENAS N, GARCÍA – VIGUERA C, MORENO D A. Biotic elicitors effectively increase the glucosinolates content in *brassicaceae* sprouts[J]. J Agric Food Chem, 2014,62(8): 1881 – 1889.

[14] BAHABADI S E, SHARIFI M, CHASHMI N A, et al. Significant enhancement of lignan accumulation in hairy root cultures of *Linum album* using biotic elicitors[J]. Acta Physiol Plant, 2014,36(12): 3325 – 3331.

[15] BALDINI M, DANUSO F, TURI M, et al. Evaluation of new clones of Jerusalem artichoke (*Helianthus tuberosus* L.) for inulin and sugar yield from stalks and tubers[J]. Ind Crops Prod, 2004,19(1): 25 – 40.

[16] BARCLAY T, GINIC – MARKOVIC M, COOPER P, et al. Inulin – a versatile polysaccharide with multiple pharmaceutical and food chemical uses[J]. J Excipients and Food Chem, 2010,1(3): 27 – 50.

[17] BELCHÍ – NAVARRO S, ALMAGRO L, SABATER – JARA A B. Induction of *trans* – resveratrol and extracellular pathogenesis – related proteins in elicited suspension cultured cells of *Vitis vinifera* cv Monastrell[J]. J Plant Physiol, 2013,170(3): 258 – 264.

[18] BHAMBHANI S, KARWASARA V S, DIXIT V K, et al. Enhanced production of vasicine in *Adhatoda vasica* (L.) Nees. cell culture by elicitation[J]. Acta Physiol Plant, 2012,34(4): 1571 – 1578.

[19] DE OLIVEIRA A J B, GONCALVES R A C, CHIERRITO T P C, et al. Structure and degree of polymerisation of fructooligosaccharides present in roots and leaves of *Stevia rebaudiana* (Bert.) Bertoni[J]. Food Chem, 2011,129(2): 305 – 311.

[20] BRICEÑO Z, ALMAGRO L, SABATER - JARA A B, et al. Enhancement of phytosterols, taraxasterol and induction of extracellular pathogenesis - related proteins in cell cultures of *Solanum lycopersicum* cv Micro - Tom elicited with cyclodextrins and methyl jasmonate [J]. J Plant Physiol, 2012, 169 (11): 1050 - 1058.

[21] CABELLO - HURTADO F, DURST F, JORRIN J V, et al. Coumarins in *Helianthus tuberosus*: characterization, induced accumulation and biosynthesis [J]. Phytochem, 1998, 49(4): 1029 - 1036.

[22] CAI ZHENZHEN, KASTELL A, SMETANSKA I. Chitosan or yeast extract enhance the accumulation of eight phenolic acids in cell suspension cultures of *Malus* × *domestica* Borkh [J]. J Hortic Sci Biotechnol, 2014, 89 (1): 93 - 99.

[23] CAI ZHENZHEN, KASTELL A, KNORR D, et al. Exudation: an expanding technique for continuous production and release of secondary metabolites from plant cell suspension and hairy root cultures [J]. Plant Cell Rep, 2012, 31 (3): 461 - 477.

[24] CAI ZHENZHEN, KASTELL A, MEWIS I, et al. Polysaccharide elicitors enhance anthocyanin and phenolic acid accumulation in cell suspension cultures of *Vitis vinifera* [J]. Plant Cell Tiss Org Cult, 2012, 108(3): 401 - 409.

[25] CAI ZHENZHEN, KASTELL A, SPEISER C, et al. Enhanced resveratrol production in *Vitis vinifera* cell suspension cultures by heavy metals without loss of cell viability [J]. Appl Biochem Biotechnol, 2013, 171(2): 330 - 340.

[26] CARTEA M E, FRANCISCO M, SOENGAS P, et al. Phenolic compounds in *Brassica* vegetables [J]. Molecules, 2011, 16(1): 251 - 280.

[27] CHANDRA S, CHANDRA R. Engineering secondary metabolite production in hairy roots [J]. Phytochem Rev, 2011(10): 371 - 395.

[28] CHEN FUJIA, LONG XIAOHUA, YU MENGNI, et al. Phenolics and antifungal activities analysis in industrial crop Jerusalem artichoke (*Helianthus tuberosus* L.) leaves [J]. Ind Crop Prod, 2013, 47: 339 - 345.

[29] CHEN H, CHEN F. Effect of yeast elicitor on the secondary metabolism of

Ti – transformed *Salvia miltiorrhiza* cell suspension cultures [J]. Plant Cell Rep, 2000, 19(7): 710 – 717.

[30] CHI ZHENMING, ZHANG TONG, CAO TIANSHU, et al. Biotechnological potential of inulin for bioprocesses [J]. Bioresour Technol, 2011, 102(6): 4295 – 4303.

[31] CHO H Y, SON S Y, RHEE H S, et al. Synergistic effects of sequential treatment with methyl jasmonate, salicylic acid and yeast extract on benzophenanthridine alkaloid accumulation and protein expression in *Eschscholtzia californica* suspension cultures[J]. J Biotechnol, 2008, 135(1): 117 – 122.

[32] CHO M H, NO H K, PRINYAWIWATKUL W. Chitosan treatments affect growth and selected quality of sunflower sprouts[J]. J Food Sci, 2008, 73(1): S70 – S77.

[33] CHOI M S, PARK D J, SONG H J, et al. Enhancing production of terpenoids in metabolically engineered transgenic spearmint (*Mentha spicata* L.) by salt and fungal elicitors[J]. J For Environ Sci, 2014, 30(2): 243 – 252.

[34] CIEŚLA Ł, KOWALSKA I, OLESZEK W, et al. Free radical scavenging activities of polyphenolic compounds isolated from *Medicago sativa* and *Medicago truncatula* assessed by means of thin – layer chromatography DPPH˙ rapid test [J]. Phytochem Anal, 2012, 24(1): 47 – 52.

[35] CUSHNIE T P T, LAMB A J. Antimicrobial activity of flavonoids[J]. Int J Antimicrob Agents, 2005, 26(5): 343 – 356.

[36] DA ROCHA A S, ROCHA E K, ALVES L M, et al. Production and optimization through elicitation of carotenoid pigments in the in vitro cultures of *Cleome rosea* Vahl (Cleomaceae) [J]. J Plant Biochem Biotechnol, 2015, 24(1): 105 – 113.

[37] DE PASCUAL – TERESA S, MORENO D A, et al. Flavanols and anthocyanins in cardiovascular health: a review of current evidence[J]. Int J Mol Sci, 2010, 11(4): 1679 – 1703.

[38] D'EGIDIO M G, CECCHINI C, CERVIGNI T, et al. Production of fructose from cereal stems and polyannual cultures of Jerusalem artichoke [J]. Ind

Crops Prod, 1998,7(2): 113 - 119.

[39] DIWAN R, SHINDE A, MALPATHAK N. Phytochemical composition and antioxidant potential of *Ruta graveolens* L. *in vitro* culture lines[J]. J Bot, 2012,2012: 1 - 6.

[40] DONG JUANE, WAN GUOWEI, LIANG ZONGSUO. Accumulation of salicylic acid-induced phenolic compounds and raised activities of secondary metabolic and antioxidative enzymes in *Salvia miltiorrhiza* cell culture[J]. J Biotechnol, 2010,148(2 - 3): 99 - 104.

[41] DÖRNENBURG H, KNORR D. Strategies for the improvement of secondary metabolite production in plant cell cultures[J]. Enzyme Microb Technol, 1995,17(8): 674 - 684.

[42] ZABALA M, ANGARITA M, RESTREPO J, et al. Elicitation with methyl - jasmonate stimulates peruvoside production in cell suspension cultures of *Thevetia peruviana*[J]. *In Vitro* Cell Dev Biol Plant, 2010,46(3): 233 - 238.

[43] GADZOVSKA S, MAURY S, DELAUNAY A. The influence of salicylic acid elicitation of shoots, callus, and cell suspension cultures on production of naphtodianthrones and phenylpropanoids in *Hypericum perforatum* L. [J]. Plant Cell Tiss Org, 2013,113(1): 25 - 39.

[44] GAMBORG O L, MILLER R A, OJIMA K. Nutrient requirements of suspension cultures of soybean root cells[J]. Exp Cell Res, 1968, 50(1): 151 - 158.

[45] GAO FUKANG, REN CHENGGANG, DAI CHUANCHAO. Signaling effects of nitric oxide, salicylic acid, and reactive oxygen species on isoeuphpekinensin accumulation in *Euphorbia pekinensis* suspension cells induced by an endophytic fungal elicitor[J]. J Plant Growth Regul, 2012,31(4): 490 - 497.

[46] GIRI L, DHYANI P, RAWAT S, et al. *In vitro* production of phenolic compounds and antioxidant activity in callus suspension cultures of *Habenaria edgeworthii*: a rare Himalayan medicinal orchid[J]. Ind Crops Prod, 2012,39: 1 - 6.

[47] GRIFFAUT B, DEBITON E, MADELMONT J C, et al. Stressed Jerusalem

artichoke tubers (*Helianthus tuberosus* L.) excrete a protein fraction with specific cytotoxicity on plant and animal tumour cell[J]. BBA – Gen Subj, 2007,1770(9): 1324 – 1330.

[48] GUGGISBERG D, CUTHBERT – STEVEN J, PICCINALI P, et al. Rheological, microstructural and sensory characterization of low – fat and whole milk set yoghurt as influenced by inulin addition[J]. Int Dairy J, 2009,19(2): 107 – 115.

[49] GUÍZAR – GONZÁLEZ C, TRUJILLO – VILLANUEVA K, et al. Sanguinarine and dihydrosanguinarine accumulation in *Argemone mexicana* (L) cell suspension cultures exposed to yeast extract[J]. J Mexican Chem Soc, 2012,56(1): 19 – 22.

[50] GUMEROVA E A, AKULOV A N, RUMYANTSEVA N I. Effect of methyl jasmonate on growth characteristics and accumulation of phenolic compounds in suspension culture of tartary buckwheat[J]. Russ J Plant Physiol, 2015,62(2): 195 – 203.

[51] HAO XIAOLONG, SHI MIN, CUI LIJIE, et al. Effects of methyl jasmonate and salicylic acid on tanshinone production and biosynthetic gene expression in transgenic *Salvia miltiorrhiza* hairy roots[J]. Biotechnol Appl Biochem, 2014, 62(1): 24 – 31.

[52] HE C Y, HSIANG T, WOLYN D J. Induction of systemic disease resistance and pathogen defence responses in *Asparagus officinalis* inoculated with nonpathogenic strains of *Fusarium oxysporum*[J]. Plant Pathol, 2002,51(2): 225 – 230.

[53] HURA K, HURA T, GRZESIAK M. Function of the photosynthetic apparatus of oilseed winter rape under elicitation by *Phoma lingam* phytotoxins in relation to carotenoid and phenolic levels[J]. Acat Physiol Plant, 2014, 36(2): 295 – 305.

[54] IBRAHIM M H, JAAFAR H Z E, KARIMI E, et al. Primary, secondary metabolites, photosynthetic capacity and antioxidant activity of the Malaysian Herb Kacip fatimah (*Labisia pumila* Benth) exposed to potassium fertilization under

greenhouse conditions[J]. Int J Mol Sci, 2012,13(11): 15321 – 15342.

[55] ITOH T, OYAMA M, TAKIMOTO N, et al. Inhibitory effects of sesquiterpene lactones isolated from *Eupatorium chinense* L. on IgE – mediated degranulation in rat basophilic leukemia RBL – 2H3 cells and passive cutaneous anaphylaxis reaction in mice[J]. Bioorg Med Chem, 2009,17(8): 3189 – 3197.

[56] JIN J H, SHIN J H, KIM J H, et al. Effect of chitosan elicitation and media components on the production of anthraquinones colorants in madder (*Rubia akane* Nakai) cell culture [J]. Biotechnol Bioprocess Eng, 1999, 4: 300 – 304.

[57] ZHAO CHUNHAI, ZHANG TONG, LI MEI, et al. Single cell oil production from hydrolysates of inulin and extract of tubers of Jerusalem artichoke by *Rhodotorula mucilaginosa* TJY15a [J]. Process Biochem, 2010, 45 (7): 1121 – 1126.

[58] KETCHUM R E B, GISON D M, CROTEAU R B, et al. The kinetics of taxoid accumulation in cell suspension cultures of *Texus* following elicitation with methyl jasmonate[J]. Biotechnol Bioeng, 1999,62(1): 97 – 105.

[59] KHATEEB W A, HUSSEIN E, QOUTA L, et al. In vitro propagation and characterization of phenolic content along with antioxidant and antimicrobial activities of *Cichorium pumilum* Jacq[J]. Plant Cell Tiss Org Cult, 2012,110(1): 103 – 110.

[60] KIKOWSKA M, BUDZIANOWSKI J, KRAWCZYK A, et al. Accumulation of rosmarinic, chlorogenic and caffeic acids in in vitro cultures of *Eryngium planum* L. [J]. Acta Physiol Plant, 2012,34(6): 2425 – 2433.

[61] KIM J T, KIM Y H, CHOI J S, et al. Effect of sorbitol and salicylic acid on quality and functional food contents of tomato fruit (*Solanum lycopersicum*) [J]. Kor J Hort Sci Technol, 2014,32(6): 771 – 780.

[62] KIM Y S, HAHN E J, MURTHY H N, et al. Adventitious root growth and ginsenoside accumulation in *Panax ginseng* cultures as affected by methyl jasmonate[J]. Biotechnol Lett, 2004,26(21): 1619 – 1622.

[63] KISS A, FORGO P. Investigations on inulin – type oligosaccharides with regard

to HPLC analysis and prospective food applicability [J]. Monatsh Chem, 2011,142(6): 547 – 553.

[64] KITISRIPANYA T, KOMAIKUL J, TAWINKAN N, et al. Dicentrine production in callus and cell suspension cultures of *Stephania venosa* [J]. Nat Prod Commun, 2013,8(4): 443 – 445.

[65] KOMATSU T R, BURITI F C A, DA SILVA R C, et al. Nutrition claims for functional guava mousses produced with milk fat substitution by inulin and/or whey protein concentrate based on heterogeneous food legislations[J]. LWT – Food Sci Technol, 2013,50(2): 755 – 765.

[66] ZHANG CHANGHE, FEVEREIRO P S, HE GUANGYUAN, et al. Enhanced paclitaxel productivity and release capacity of *Taxus chinensis* cell suspension cultures adapted to chitosan[J]. Plant Sci, 2007,172(1): 158 – 163.

[67] LEE C W T, SHULER M L. The effect of inoculum density and conditioned medium on the production of ajmalicine and catharanthine from immobilized *Catharanthus roseus* cells[J]. Biotechnol Bioeng, 2000,67(1): 61 – 71.

[68] LEE Y S, JU H K, KIM Y J, et al. Enhancement of anti – inflammatory activity of *Aloe vera* adventitious root extracts through the alteration of primary and secondary metabolites via salicylic acid elicitation[J/OL]. PLoS One, 2013,8(12): e82479 [2013 – 12 – 16] https://doi. org/10. 1371/journal. pone. 0082479.

[69] LEROY G, GRONGNET J F, MABEAU S, et al. Changes in inulin and soluble sugar concentration in artichokes (*Cynara scolymus* L.) during storage[J]. J Sci Food Agric, 2010,90(7): 1203 – 1209.

[70] LI LILI, LI LI, WANG YIPENG, et al. Biorefinery products from the inulin – containing crop Jerusalem artichoke[J]. Biotechnol Lett, 2013,35(4): 471 – 477.

[71] LI PEIQIN, LUO HAIYU, MENG JIAJIA, et al. Effects of oligosaccharides from endophytic *Fusarium oxysporum* Dzf17 on activities of defense – related enzymes in *Dioscorea zingiberensis* suspension cell and seedling cultures[J]. Electron J Biotechnol, 2014, 17(4): 156 – 161.

[72] LIM F L, YAM M F, ASMAWI M Z, et al. Elicitation of *Orthosiphon stamineus* cell suspension culture for enhancement of phenolic compounds biosynthesis and antioxidant activity[J]. Ind Crop Prod, 2013,50: 436 - 442.

[73] LIN MEI, XIA BAIRONG, YANG MENG, et al. Characterization and antitumor activities of a polysaccharide from the rhizoma of *Menispermum dauricum* [J]. Int J Biol Macromol, 2013,53: 72 - 76.

[74] LINSMAIER E M, SKOOG F. Organic growth factor requirements of tobacco tissue cultures[J]. Physiol Plant, 1965,18(1): 100 - 127.

[75] LIU SIMIN, STAMPFER M J, HU F B, et al. Whole - grain consumption and risk of coronary heart disease: results from the nurses' health study[J]. Am J Clin Nutr, 1999,70(3): 412 - 419.

[76] LIVINGSTON D P, PREMAKUMAR R, TALLURY S P. Carbohydrate partitioning between upper and lower regions of the crown in oat and rye during cold acclimation and freezing[J]. Cryobiology, 2006,52(2): 200 - 208.

[77] LONG XIAOHUA, MEHTA S K, LIU ZHAOPU. Effect of NO_3^- - N enrichment on seawater stress tolerance of Jerusalem artichoke (*Helianthus tuberosus*) [J]. Pedosphere, 2008,18(1): 113 - 123.

[78] LOPEZ M G, MANCILLA - MARGALLI N A, MENDOZA - DIAZ G. Molecular structures of fructans from *Agave tequilana* Weber var. *azul*. [J]. J Agric Food Chem, 2003,51(27): 7835 - 7840.

[79] MA XIAOYONG, ZHANG LIHUA, SHAO HONGBO, et al. Jerusalem artichoke (*Helianthus tuberosus*), a medicinal salt - resistant plant has high adaptability and multiple - use values [J]. J Med Plants Res, 2011, 5 (8): 1272 - 1279.

[80] MATSUURA H, YOSHIHARA T, ICHIHARA A. Four new polyacetylenic glucosides, methyl β - D - glucopyranosyl helianthenate C - F, from Jerusalem artichoke (*Helianthus tuberosus* L.) [J]. Biosci Biotechnol Biochem, 1993,57 (9): 1492 - 1498.

[81] MEIJER W J M, MATHIJSSEN E W J M. Experimental and simulated production of inulin by chicory and Jerusalem artichoke[J]. Ind Crop Prod, 1992,1

(2 -4): 175 -183.

[82] MISRA R C, MAITI P, CHANOTIYA C S, et al. Methyl jasmonate - elicited transcriptional responses and pentacyclic triterpene biosynthesis in sweet basil [J]. Plant Physiol, 2014,164(2): 1028 -1044.

[83] MONTI A, AMADUCCI M T, VENTURI G. Growth response, leaf gas exchange and fructans accumulation of Jerusalem artichoke (*Helianthus tuberosus* L.) as affected by different water regimes[J]. Eur J Agron, 2005,23(2): 136 -145.

[84] MOON H, LEE G, YUN H S, et al. Non - proteinaceous yeast extract induces arabidopsis defense responses independently of salicylic acid[J]. J Plant Bio, 2015,58(1): 38 -43.

[85] MUELLER M, HOBIGER S, JUNGBAUER A. Anti - inflammatory activity of extracts from fruits, herbs and spices [J]. Food Chem, 2010, 122 (4): 987 -996.

[86] MURASHIGE T, SKOOG F K. A revised medium for rapid growth and bio assays with tobacco tissue cultures[J]. Physiol Plant, 1962,15(3): 473 -497.

[87] NAIR V D, PANNEERSELVAM R, GOPI R, et al. Elicitation of pharmacologically active phenolic compounds from *Rauvolfia serpentina* Benth. Ex. Kurtz. [J]. Ind Crops Prod, 2013,45: 406 -415.

[88] NEGREL J, JAVELLE F, WIPF D. Detection of an O - methyltransferase synthesising acetosyringone in methyl jasmonate - treated tobacco cell - suspensions cultures[J]. Phytochemistry, 2014,99: 52 -60.

[89] NGUYEN H L, NGUYEN T G. Effects of elicitors on the enhancement of asiaticoside biosynthesis in cell cultures of centella (*Centella asiatica* L. Urban) [J]. Chem Pap, 2012,66(7): 642 -648.

[90] NO H K, LEE K S, KIM I D, et al. Chitosan treatment affects yield, ascorbic acid content, and hardness of soybean sprouts[J]. J Food Sci, 2003,68(2): 680 -685.

[91] LI PAN, SINDEN M R, KENNEDY A H, et al. Bioactive constituents of *Helianthus tuberosus* (Jerusalem artichoke) [J]. Phytochem Lett, 2009,2(1):

15 - 18.

[92] PETKOVA N, IVANOV I, DENEV P, et al. Bioactive substance and free radical scavenging activities of flour from Jerusalem Artichoke (*Helianthus tuberosus* L.) tubers - a comparative study[J]. Turkish J Agr Nat Sci, 2014(S2): 1773 - 1778.

[93] PITTA - ALVAREZ S I, SPOLLANSKY T C, GIULIETTI A M. The influence of different biotic and abiotic elicitors on the production and profile of tropane alkaloids in hairy root cultures of *Brugmansia candida*[J]. Enzyme Microb Technol, 2000,26(2 - 4): 252 - 258.

[94] NAGELLA P, MURTHY H N. Effects of macroelements and nitrogen source on biomass accumulation and withanolide - a production from cell suspension cultures of *Withania somnifera* (L.) Dunal[J]. Plant Cell Tiss Org Cult, 2011, 104(1): 119 - 124.

[95] NAGELLA P, MURTHY H N. Establishment of cell suspension cultures of *Withania somnifera* for the production of withanolide A[J]. Bioresour Technol, 2010,101(17): 6735 - 6739.

[96] PRAVEEN N, MURTHY H N. Synthesis of withanolide a depends on carbon source and medium pH in hairy root cultures of *Withania somnifera*[J]. Ind Crops Prod, 2012,35(1): 241 - 243.

[97] RAGHAVENDRA S, RAMESH C K, KUMAR V, et al. Elicitors and precursor induced effect on L - Dopa production in suspension cultures of *Mucuna pruriens* L. [J]. Front Life Sci, 2011,5(3 - 4): 127 - 133.

[98] RAHIMI S, DEVI B S R, KHOROLRAGCHAA A, et al. Effect of salicylic acid and yeast extract on the accumulation of jasmonic acid and sesquiterpenoids in *Panax ginseng* adventitious roots[J]. Russ J Plant Physlio, 2014,61(6): 811 - 817.

[99] RAKHIMOV D A, ARIFKHODZHAEV A O, MEZHLUMYAN L G, et al. Carbohydrates and proteins from *Helianthus tuberosus*[J]. Chem Nat Comp, 2003,39(3): 312 - 313.

[100] RAM M, PRASAD K V, SINGH S K, et al. Influence of salicylic acid and

methyl jasmonate elicitation on anthocyanin production in callus cultures of *Rosa hybrida* L. [J]. Plant Cell Tiss Org Cult, 2013,113(3): 459 -467.

[101] RAMAKRISHNA A, RAVISHANKAR G A. Influence of abiotic stress signals on secondary metabolites in plants[J]. Plant Signaling Behav, 2011,6(11): 1720 -1731.

[102] RAMOS - SOLANO B, ALGAR E, GUTIERREZ - MAÑERO F J, et al. Bacterial bioeffectors delay postharvest fungal growth and modify total phenolics, flavonoids and anthocyanins in blackberries[J]. LWT - Food Sci Technol, 2015,61(2): 437 -443.

[103] RAZMOVSKI R N, SCIBAN M B, VUCUROVIC V M. Bioethanol production from Jerusalem artichoke by acid hydrolysis[J]. Rom Biotechnol Lett, 2011, 16(5): 6497 -6503.

[104] REFFATTI P F, ROY I, ODELL M, et al. Evidence for the involvement of intracellular Ca^{2+} ions in the elicitation mechanism of *Bacillus licheniformis* [J]. J Mol Microbiol Biotechnol, 2013,23(6): 391 -395.

[105] RIGHETTI L, TASSONI A, BAGNI N. Polyamines content in plant derived food: a comparison between soybean and Jerusalem artichoke [J]. Food Chem, 2008,111(4): 852 -856.

[106] RITSEMA T, SMEEKENS S. Fructans: beneficial for plants and humans[J]. Curr Opin Plant Biol, 2003,6(3): 223 -230.

[107] RIZZELLO F, DE PAOLIS A, DURANTE M, et al. Enhanced production of bioactive isoprenoid compounds from cell suspension cultures of *Artemisia annua* L. using β - cyclodextrins [J]. Int J Mol Sci, 2014, 15 (10): 19092 -19105.

[108] ROBERFROID M B. Inulin - type fructans: functional food ingredients[J]. J Nutr, 2007,137(11 Suppl): 2493S -2502S.

[109] ROBERFROID M, SLAVIN J. Nondigestible oligosaccharides[J]. Crit Rev Food Sci Nutr, 2000,40(6): 461 -480.

[110] ROBERTS S C, NAILL M, GIBSON D M, et al. A simple method for enhancing paclitaxel release from *Taxus canadensis* cell suspension cultures utilizing

cell wall digesting enzymes [J]. Plant Cell Rep, 2003, 21 (12): 1217 - 1220.

[111]SABATER - JARA A B, ONRUBIA M, MOYANO E, et al. Synergistic effect of cyclodextrins and methyl jasmonate on taxane production in *Taxus x media* cell cultures[J]. Plant Biotechnol J, 2014,12(8): 1075 - 1084.

[112]SAE - LEE N, KERDCHOECHUEN O, LAOHAKUNJIT N. Enhancement of phenolics, resveratrol and antioxidant activity by nitrogen enrichment in cell suspension culture of *Vitis vinifera* [J]. Molecules, 2014, 19 (6): 7901 - 7912.

[113]SAENGKANUK A, NUCHADOMRONG S, JOGLOY S, et al. A simplified spectrophotometric method for the determination of inulin in Jerusalem artichoke (*Helianthus tuberosus* L.) tubers[J]. Eur Food Res Technol, 2011, 233(4): 609 - 616.

[114]SANGEETHA S, SARADA D V L. Phenyl derivative of pyranocoumarin precludes *Fusarium oxysporum* f. sp. *lycopersici* infection in *Lycopersicon esculentum* via induction of enzymes of the phenylpropanoid pathway[J]. Appl Biochem Biotechnol, 2015,175(2): 1168 - 1180.

[115]SCHENK R U, HILDEBRANDT A C. Medium and techniques for induction and growth of monocotyledonous and dicotyledonous plant cell cultures[J]. Can J Bot, 1972,50(1): 199 - 204.

[116]SHAH J. The salicylic acid loop in plant defense[J]. Curr Opin Plant Biol, 2003,6(4): 365 - 371.

[117]SHOHAEL A M, ALI M B, YU K W, et al. Effect of temperature on secondary metabolites production and antioxidant enzyme activities in *Eleutherococcus senticosus* somatic embryos[J]. Plant Cell Tiss Org Cult, 2006,85(2): 219 - 228.

[118]SHOHAEL A M, MURTHY H N, HAHN E J,et al. Increased eleutheroside production in *Eleutherococcus sessiliflorus* embryogenic suspension cultures with methyl jasmonate treatment[J]. Biochem Eng J, 2008,38(2): 270 - 273.

[119]ŠIMONOVÁ I, KAROVIČOVÁ J, MASTIHUBA V, et al. HPLC determina-

tion of inulin in plant materials[J]. Acta Chim Slov, 2010, 3 (2): 122 - 129.

[120] SIMONOVSKA B. Determination of inulin in foods[J]. J AOAC Int, 2000, 83(3): 675 - 678.

[121] SIVANANDHAN G, ARUN M, MAYAVAN S, et al. Optimization of elicitation conditions with methyl jasmonate and salicylic acid to improve the productivity of withanolides in the adventitious root culture of *Withania somnifera* (L.) dunal[J]. Appl Biochem Biotechnol, 2012, 168(3): 681 - 696.

[122] SIVANANDHAN G, SELVARAJ N, GANAPATHI A, et al. Enhanced biosynthesis of withanolides by elicitation and precursor feeding in cell suspension culture of *Withania somnifera* (L.) dunal in shake - flask culture and bioreactor[J]. PLoS One, 2014, 9(8): e104005.

[123] SLIMESTAD R, SELJAASEN R, MEIJER K, et al. Norwegian - grown Jerusalem artichoke (*Helianthus tuberosus* L.): morphology and content of sugars and fructo - oligosaccharides in stems and tubers[J]. J Sci Food Agric, 2010, 90(6): 956 - 964.

[124] SPRING O. Sesquiterpene lactones from *Helianthus tuberosus*[J]. Phytochemistry, 1991, 30(2): 519 - 522.

[125] SRIVASTAVA S, SRIVASTAVA A K. Effect of elicitors and precursors on azadirachtin production in hairy root culture of *Azadirachta indica*[J]. Appl Biochem Biotechnol, 2014, 172(4): 2286 - 2297.

[126] STEEGMANS M, ILIAENS S, HOEBREGS H. Enzymatic, spectrophotometric determination of glucose, fructose, sucrose, and inulin/oligofructose in foods[J]. J AOAC Int, 2004, 87(5): 1200 - 1207.

[127] STURGEON S R, RONNENBERG A G. Pomegranate and breast cancer: possible mechanisms of prevention[J]. Nutr Rev, 2010, 68(2): 122 - 128.

[128] SÜREYYA N, NURULLAH A. The effect of UV - C on the total antioxidant activity and phenolic content in *Hypericum scabroides* raised under *in vitro* conditions[J]. Res J Biotech, 2014, 9(3): 12 - 18.

[129] TAHA H S, ABD EL - KAWY A M, ABD EL - KAREEM FATHALLA M. A

new approach for achievement of inulin accumulation in suspension cultures of Jerusalem artichoke (*Helianthus tuberosus*) using biotic elicitors[J]. J Genet Eng Biotechnol, 2012,10(1): 33 -38.

[130]TAHA H S, EL - SAWY A M, BEKHEET S A. *In vitro* studies on Jerusalem artichoke (*Helianthus tuberosus*) and enhancement of inulin production[J]. J Appl Sci Res, 2007,3(9): 853 -858.

[131]TASSONI A, BAGNI N, FERRI M, et al. *Helianthus tuberosus* and polyamine research: past and recent applications of a classical growth model[J]. Plant Physiol Biochem, 2010,48(7): 496 -505.

[132]TCHONÉ M, BÄRWALD G, ANNEMÜLLER G, et al. Separation and identification of phenolic compounds in Jerusalem artichoke (*Helianthus tuberosus* L.)[J]. Sci Aliments, 2006,26(5): 394 -408.

[133]THANH N T, MURTHY H N, YU K W, et al. Methyl jasmonate elicitation enhanced synthesis of ginsenoside by cell suspension cultures of *Panax ginseng* in 5 - l balloon type bubble bioreactor[J]. Appl Micorbiol Biotechnol, 2005,67(2): 197 -201.

[134]THIELFALL D R, WHITEHEAD I M. Co - ordinated inhibition of squalene synthase and induction of enzymes of sesquiterpenoid phytoalexin biosynthesis in cultures of *Nicotiana tabacum* [J]. Phytochemistry, 1988, 27 (8): 2567 -2580.

[135]THOMMA B P, PENNINCKX I A, CAMMUE B P, et al. The complexity of disease signaling in *Arabidopsis*[J]. Curr Opin Immunol, 2001,13(1): 63 - 68.

[136]ZHANG BEN, ZHENG LIPING, LI WANYI, et al. Stimulation of artemisinin production in *Artemisia annua* hairy roots by Ag - SiO_2 core - shell nanoparticles[J]. Curr Nanosci, 2013,9(3): 363 -370.

[137]TONELI J T C L, PARK K J, RAMALHO J R P, et al. Rheological characterization of chicory root (*Cichorium intybus* L.) inulin solution[J]. Braz J Chem Eng, 2008,25(3): 461 -471.

[138]TRUJILLO - VILLANUEVA K, RUBIO - PIÑA J, MONFORTE - GONZÁ

LEZ M, et al. The sequential exposure to jasmonate, salicylic acid and yeast extract promotes sanguinarine accumulation in *Argemone mexicana* cell cultures[J]. Biotechnol Lett, 2012,34(2): 379 – 385.

[139] TURGUT – KARA N, ARI S. Analysis of elicitor inducible cytochrome P450 induction in *Astragalus chrysochlorus* cells[J]. Plant Omics J, 2011,4(5): 264 – 269.

[140] VAN LAERE A, VAN DEN ENDE W. Inulin metabolism in dicots: chicory as a model system[J]. Plant Cell Environ, 2002,25(6): 803 – 813.

[141] VAN TEGELEN L J P, BONGAERTS R J M, CROES A F, et al. Isochorismate synthase isoforms from elicited cell cultures of *Rubia tinctorum*[J]. Phytochemistry, 1999,51(2): 263 – 269.

[142] VANHALA L, EEVA M, LAPINJOKI S, et al. Effect of growth regulators on transformed root cultures of *Hyoscyamus muticus*[J]. J Plant Physiol, 1998, 153(3 – 4): 475 – 481.

[143] VASCONSUELO A, BOLAND R. Molecular aspects of the early stages of elicitation of secondary metabolites in plants[J]. Plant Sci, 2007, 172(5): 861 – 875.

[144] VASCONSUELO A, GIULETTI A M, PICOTTO G, et al. Involvement of the PLC/PKC pathway in chitosan – induced anthraquinone production by *Rubia tinctorum* L. cell cultures[J]. Plant Sci, 2003,165(2): 429 – 436.

[145] VEERASHREE V, ANURADHA C M, KUMAR V. Elicitor – enhanced production of gymnemic acid in cell suspension cultures of *Gymnema sylvestre* R. Br. [J]. Plant Cell Tiss Org Cult, 2012,108(1): 27 – 35.

[146] VERMA P, KHAN S A, MATHUR A K, et al. Fungal endophytes enhanced the growth and production kinetics of *Vinca minor* hairy roots and cell suspensions grown in bioreactor[J]. Plant Cell Tiss Org Gult, 2014, 118(2): 257 – 268.

[147] WANG HAO, ZHANG ZESHENG, LIANG LIYA, et al. A comparative study of high – performance liquid chromatography and colorimetric method for inulin determination[J]. Eur Food Res Technol, 2010,230(5): 701 – 706.

[148] WANG SHENG, GUO LANPING, XIE TENG, et al. Different secondary metabolic responses to MeJA treatment in shikonin - proficient and shikonin - deficient cell lines from *Arnebia euchroma* (Royle) Johnst[J]. Plant Cell Tiss Org Cult, 2014,119(3): 587 - 598.

[149] WANG Y, WEATHERS P J. Sugars proportionately affect artemisinin production[J]. Plant Cell Rep, 2007,26(7): 1073 - 1081.

[150] WEATHERS P J, BUNK G, MCCOY M C. The effect of phytohormones on growth and artemisinin production in *Artemisia annua* hairy roots[J]. In Vitro Cell Dev Biol Plant, 2005,41(1): 47 - 53.

[151] WICHIENCHOT S, THAMMARUTWASIK P, JONGJAREONRAK A, et al. Extraction and analysis of prebiotics from selected plants from southern Thailand[J]. Songklanakarin J Sci Technol, 2011,33(5): 517 - 523.

[152] WIKTOROWSKA E, DŁUGOSZ M, JANISZOWSKA W. Significant enhancement of oleanolic acid accumulation by biotic elicitors in cell suspension cultures of *Calendula officinalis* L. [J]. Enzyme Microb Technol, 2010,46(1): 14 - 20.

[153] WU JIANYONG, WANG CHUANGUI, MEI XINGGUO. Stimulation of taxol production and excretion in *Taxus* spp cell cultures by rare earth chemical lanthanum[J]. J Biotechnol, 2001,85(1): 67 - 73.

[154] XING BINGCONG, YANG DONGFENG, GUO WANLI, et al. Ag^+ as a more effective elicitor for production of tanshinones than phenolic acids in *Salvia miltiorrhiza* hairy roots[J]. Molecules, 2015,20(1): 309 - 324.

[155] XU CHUNMING, ZHAO BING, OU YUAN, et al. Elicitor - enhanced syringin production in suspension cultures of *Saussurea medusa*[J]. World J Microbiol Biotechnol, 2007,23(7): 965 - 970.

[156] XU MAOJUN, YANG BIN, DONG JUFANG, et al. Enhancing hypericin production of *Hypericum perforatum* cell suspension culture by ozone exposure [J]. Biotechnol Prog, 2011,27(4): 1101 - 1106.

[157] XU MAOJUN, DONG JUFANG, ZHU MUYUAN. Nitric oxide mediates the fungal elicitor - induced hypericin production of *Hypericum perforatum* cell

suspension cultures through a jasmonic – acid – dependent signal pathway [J]. Plant Physiol, 2005, 139(2): 991 – 998.

[158] YANG ZHENMIN, HU JUN, ZHAO MINGYUE. Isolation and quantitative determination of inulin – type oligosaccharides in roots of *Morinda officinalis* [J]. Carbohydr Polym, 2011, 83(4): 1997 – 2004.

[159] YILDIZ G, SACAKLI P, GUNGOR T, et al. The effect of Jerusalem artichoke (*Helianthus tuberosus* L.) on blood parameters, liver enzymes and intestinal pH in laying hens[J]. J Anim Veter Adv, 2008, 7(10): 1297 – 1300.

[160] YOSHIHARA T, MATSUURA H, ICHIHARA A, et al. Tuber forming substances of Jerusalem artichoke (*Helianthus tuberosus* L.) [M]//KARSSEN C M, VAN LOON L C, VREUGDENHIL D. Progress in plant growth regulation. Dordrecht: Kluwer Academic Publishers, 1992: 286 – 290.

[161] YU K W, GAO WENYUAN, HAHN E J, et al. Jasmonic acid improves ginsenoside accumulation in adventitious root culture of *Panax ginseng* C. A. Meyer[J]. Biochem Eng J, 2002, 11(2 – 3): 211 – 215.

[162] 袁晓艳,高明哲,王锴,等. 高效液相色谱 – 质谱法分析菊芋叶中的绿原酸类化合物[J]. 色谱,2008,26(3):335 – 338.

[163] YUAN XIAOYAN, GAO MINGZHE, XIAO HONGBIN, et al. Free radical scavenging activities and bioactive substances of Jerusalem artichoke (*Helianthus tuberosus* L.) leaves[J]. Food Chem, 2012, 133(1): 10 – 14.

后　记

本课题受国家自然科学基金(No. 31470467)资助,特致殷切谢意。

衷心感谢导师阎秀峰教授和王洋教授对本人的悉心指导。两位导师的严谨治学态度、无私敬业精神、积极生活态度以及对事态的洞悉与远见,使我终身受益。在酚类物质测定试验期间,承蒙分析测试中心隋丹、谭胜男两位老师热心指导与帮助,不胜感激。感谢黑龙江省垦区质量技术监督局实验室陶大力主任在菊糖聚合度测定试验中给予的热心帮助。感谢盐碱地生物资源与环境研究中心庞秋颖、蔺吉祥、郭娜、郑健四位老师以及周东、王海涛、韩东洺、张爱琴、李紫薇等同学在试验过程中给予的帮助。

感谢我的学生兼朋友徐萌、朱凯、周博、夏逢阳、吕振宇、田月明、李鹤等在试验数据处理等方面给予的大力协助!

最后,向所有帮助过我的老师、单位领导、同学、家人以及朋友们致以最诚挚的谢意!